Full Love Family

寫給菜鳥父母看的育兒書 1 照書養準沒錯

新手父母這樣教0～3歲寶寶吃

健康寶寶編輯小組 ◎著

原書名：養育會吃寶寶

前言

什麼樣的寶寶會吃？

為什麼要讓寶寶學會吃？

寶寶如何學會吃？

這些問題看似簡單，實則複雜。第一個問題涉及寶寶的個別特徵，第二個問題涉及寶寶會吃的重要意義，最後一個問題涉及讓寶寶學會吃的方法，每個問題涵蓋的層面都非常廣。

為了以最簡單的方式說明這些問題，作者將如何養育會吃寶寶內容總結為以下方面：

1. 會吃寶寶的時間表：吸↓嚥↓咬。

第一次，寶寶吮吸媽媽的乳汁，從此踏上作為會吃寶寶的旅程。第一次，寶寶吞下媽媽餵到嘴中的米糊，齒頰留香，送上甜美笑容。第一次，寶寶咬住磨牙棒，為自己的成功感到驕傲，像個勝利的小戰士。

2.會吃寶寶的地點：懷中→椅子上→幼稚園裡。

第一次，寶寶在媽媽懷中吃奶，一張小嘴連著兩顆心，媽媽用愛餵養會吃寶寶。第一次，媽媽餵寶寶進食，坐在椅子上的寶寶不停抖動小腳，表達著心中的喜悅。第一次，媽媽將寶寶送入幼稚園，慢慢學會自己吃飯的寶寶受到老師的表揚。

3.會吃寶寶的人物線索：媽媽→媽媽、爸爸→爺爺奶奶、外公外婆、媽媽爸爸→幼稚園老師和全家人。

第一次，寶寶吮吸著媽媽香甜的乳汁，眼中只有媽媽一個人。第一次，爸爸湊到寶寶面前，用奶瓶餵寶寶喝奶，寶寶心想，「這個人是誰，對我這麼好！」第一次，爺爺奶奶、外公外婆、爸爸媽媽齊上陣，為讓寶寶吃藥絞盡腦汁，但寶寶卻毫不配合，「誰都不能讓我張開嘴！」第一次，寶寶在幼稚園中自己吃飯，全家人驚喜發現，寶寶長大了。

在每個成長過程中，寶寶都在努力學習如何索取、如何獲得，沉浸在愛中的寶寶吃掉的不僅僅是營養，還有全家人的愛。

原來，「吃」也是一種愛。

目錄

CH 1

會吃爸媽訓練營

寶寶：「現在的爸爸媽媽會外語、會電腦、會唱歌、會跳舞，就是不會餵我們。我們將這些爸爸媽媽們分成三種類型：第一種是跟風型，看見別的爸爸媽媽餵什麼，就餵自己的寶寶吃什麼，或者看見電視廣告宣傳什麼就買什麼。第二種是固執型，堅守自己的觀點，對別人的話置若罔聞。第三種才是理智型，懂得向專家學習，也懂得考慮自己寶寶的實際情況，但這種爸爸媽媽簡直是鳳毛麟角，無法滿足大量寶寶的須求。因此，我們決定開設這個『會吃爸媽訓練營』，以解決天下廣大寶寶同胞們的吃飯問題。」

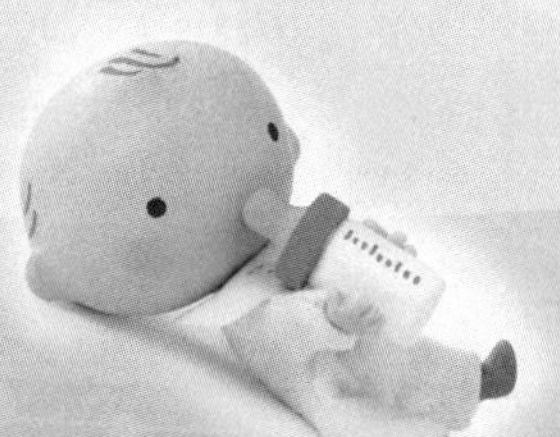

第一節 訓練營第一要務——測試！

只有寶寶才知道寶寶的真正須要，所以在這個訓練營中，寶寶是教官，爸爸媽媽是學生。為了了解爸爸媽媽們的基礎情況，訓練營委員會的寶寶們決定在開營第一天給爸爸媽媽們作一項測試。

首先，是營養方面的問題：

1. 母乳餵養的足月嬰幼兒何時開始補鐵？

A.一出生就開始。　B.四~六個月以後。　C.一歲以後。　D.不須要補鐵，母乳中的鐵含量已足夠。

2.奶粉調好後沒有喝完，是否應立刻扔掉？

A.是，調好的奶粉很快變質，應立刻扔掉。　B.否，再加熱一次就可以了。

3.新生兒（未滿月的幼兒）須要補充水分嗎？

A.母乳餵養的須要，非母乳的不須要。　B.母乳餵養的不須要，非母乳餵養的須要。

4.幼兒經常嗆奶，可能是因為缺少哪種營養素造成的？

A.維生素A。　B.維生素D。　C.鈣。　D.鐵。

5.六個月以前的寶寶是否可以飲用牛奶？

A.可以。　B.不可以。

6.塑膠奶瓶最好多長時間更換一次？

A.三個月。　B.四個月。　C.五個月。　D.六個月。

7.寶寶臨睡時是否能餵奶？

A.能。 B.不能。

8.寶寶多吃蘋果可以補充哪種營養素？

A.維生素D。 B.鈣。 C.鋅。 D.維生素B。

9.三歲以下幼兒盡量避免吃哪三種豆？

A.花生豆、荷蘭豆和豌豆。 B.荷蘭豆、毛豆和蠶豆。 C.毛豆、蠶豆和豌豆。

10.豆漿可以代替配方奶粉嗎？

A.可以。 B.不可以。

【正確答案：B、A、B、A、B、A、B、C、C、B】

其次，是保健方面的問題：

1.夜間餵寶寶吃奶應當以什麼姿勢為最佳？

A.站著餵。 B.坐著餵。 C.躺著餵。 D.走動著餵。

2.缺乏哪種維生素會導致流血不止？

A.維生素A。B.維生素D。C.維生素K。D.維生素B_1。

3.以下哪種餵養方式不利於增強寶寶的抵抗力？

A.每天半小時運動時間。B.每天服用補鈣劑。C.接種疫苗。D.新生兒每天保持十六至二十小時的睡眠時間。

4.長期發熱的嬰幼兒容易缺乏哪種營養素？

A.維生素A。B.維生素B。C.維生素C。D.維生素D。

5.以下哪種維生素能預防缺鐵性貧血？

A.維生素A。B.維生素B。C.維生素C。D.維生素D。

6.補充以下哪種營養素能預防第二型糖尿病？

A.維生素D。B.鈣。C.碘。D.鎂。

7.春天乾燥，不宜給寶寶食用以下哪種食物？

A.芹菜。B.白蘿蔔。C.花椰菜。D.水果乾。

8.剛吃完草莓不宜從事以下哪種活動？

A.刷牙。B.按摩。C.散步。D.洗手。

9.寶寶啃指甲可能是缺少哪種營養素？

A.鐵。B.鈣。C.鋅。D.鎂。

10.哪種筷子最適合幼兒使用？

A.金屬筷。B.竹木筷。C.象牙筷。D.塑膠筷。

【正確答案：B、C、B、C、C、D、D、A、C、B】

藉由測試，寶寶們發現百分之九十以上的爸爸媽媽都對營養學的知識非常貧乏，所以決定從營養學知識開始著手，為爸爸媽媽惡補功課。

第二節　營養學，一半海水一半火焰

情境再現

星期一，爸爸媽媽帶寶寶吃了炸薯條；

星期二，爸爸媽媽帶寶寶吃了炸薯條；

星期三，爸爸媽媽帶寶寶吃了炸薯條；

星期四，爸爸媽媽帶寶寶吃了炸薯條；

………

又一個星期一，

爸爸媽媽問寶寶：「寶寶想吃什麼啊？」

寶寶：「炸薯條。」

專家解析：

營養學就像一部電影的名字「一半海水，一半火焰」，看似熱烈的一面可能溫柔，看似溫柔的一面也可能熱烈，只有比例得當才能創造和諧，水與火也並非不能共存。就像上面情景中的對話，父母錯誤的溫柔可能替寶寶帶來永久的傷害，為了還原生活的本色，讓我們走進營養學的世界，一探這水與火的究竟。

一、什麼是營養，營養從何而來？

雖然在中文中營養是個名詞，但它的涵義並非專指一種養分，而是一個全面的生理過程，即人體不斷從外界攝取食物，經過消化、吸收、代謝和利用食物中身體須要的物質來維持生命活動的過程。

簡而言之，營養是一個生理過程，營養的來源是食物。

【思考題：為什麼新生兒只須食用母乳便能獲得足夠的營養？（答案後面文中尋找）】

二、什麼是營養均衡？為何須要維持營養均衡？

大家都知道，為了達到健康的身體狀態，必須維持營養均衡，即由食物中攝取的各種營養素與身體對這些營養素的須要達到平衡，既不缺乏也不過多。如果缺少某樣營養素，身體就可能出現相對的營養缺乏症，比如缺鈣可能引發駝背，缺鐵可能引發貧血。而如果攝取過多的某種營養素，也可能導致營養不均衡，比如過量的脂肪和碳水化合物可能引發肥胖症、糖尿病、心血管病變等疾病。

除了合理的攝取量之外，健康的飲食習慣也是營養均衡的重點。喜愛食用油炸食品、碳酸飲料、三餐不定時等習慣都不利於營養均衡。

如果尚未成為父母，營養均衡也許只是自己的事情，但有了小寶寶就不一樣了，你想把所有美好的東西都給他，恨不得自己是完美的，這樣才能成為他的榜樣。為了你的寶寶，讓自己作一些改變吧！有了寶寶成為動力什麼都不再困難。

【思考題：各個年齡層的嬰幼兒分別須要攝取多少營養素？（答案在後文尋找）】

三、營養素是什麼？營養素分為哪幾類？分別源自哪裡？

營養素就是我們常說的食物養分，它們是維持生命的物質基礎。人體須要的營養素大約共計五十種，歸納起來分為六大類：蛋白質、脂質、碳水化合物、礦物質和微量元素、維生素和水。此外，近年的研究證明膳食纖維對於身體健康十分有益，可視作第七類營養素。這些營養素的功能各不相同，概括起來可分為三方面：

（1）供給能量。

（2）作為建築和修補身體組織的材料。

（3）調節體內物質代謝。

【思考題：嬰幼兒的各種食品中分別含有哪些營養素？開始注意商品標籤吧！】

四、熟悉但不熟識的蛋白質

提到蛋白質，大家肯定都很熟悉，但若深入地問幾個問題，恐怕你就答不出來了。

你知道蛋白質的化學構成要素嗎？

你知道蛋白質的幾種分類嗎？

你知道植物性蛋白質與動物性蛋白質的區

別嗎？

你知道不同階段的嬰幼兒每天須要多少蛋白質嗎？

……

第一個問題的答案：蛋白質主要由碳、氫、氧、氮四種元素組成，這些元素依照一定結構組成胺基酸，胺基酸是蛋白質的組成單位，只有當蛋白質分解為胺基酸後才能被人體吸收。

Tips：關於三鹿奶粉事件。

蛋白質含有氮，且不論蛋白質的大小，其中含有氮的比例都相對穩定，各種蛋白質每一百公克中氮的含量都約為16公克。如此，我們要測定某一種食物的蛋白質含量便可先測定其氮含量，再乘以6.25（100÷16=6.25）即可得出該食物的蛋白質含量，所以當初不法酪農在牛奶中添加三聚氰胺，目的就是藉由增加氮含量來提高其蛋白質含量。

第二個問題的答案：從不同的角度，蛋白質的分類有很多種，在營養學上一般根據食物蛋白質所含胺基酸的種類和數量將其分為三類：①完全蛋白質，也就是最優質的蛋白質，它們所含的必須胺基酸種類齊全，數量充足，比例適當，能夠維持健康促進發育。奶、蛋、魚、肉中的蛋白質都屬於完全蛋白質。②半完全蛋白質，它們所含胺基酸的種類比較齊全，但某些胺基酸的數量不能滿足人體的須要，能夠維持生命但無法促進發育，比如小麥中的麥膠蛋白。③不完全蛋白質，它們所含胺基酸的種類偏少，難以滿足人體所須，既不能促進生長發育，也不能維持生命。例如，肉皮中的膠原蛋白便是不完全蛋白質。

第三個問題的答案：簡單來說，動物性蛋白質主要來自於禽、畜及魚類等動物的肉、蛋、奶，而植物性蛋白質主要來自於米、麵類和豆類等植物。

第四個問題的答案：嬰幼兒須要攝取的蛋白質比成人多，因為他們不僅須要蛋白質來補充流失的熱量，而且須要它構成新組織，促進身體發育。因此，在不同的階段，嬰幼兒對蛋白質的須求量也不同。

嬰幼兒的不同階段	所須蛋白質數量
新生兒（足月）	每天每公斤體重大約須要2克蛋白質。比如三公斤的新生兒每天須要食用630毫升的母乳或450毫升的嬰兒奶粉。 【Tips：一般情況下，每百毫升母乳約含1克蛋白質。多數嬰兒奶粉含較多蛋白質，約是母乳的兩倍。】
新生兒（早產）	須要的蛋白質相對較多，每天每公斤體重須要3～4克蛋白質。當寶寶長到與足月寶寶一樣大時（2.5公斤以上），對蛋白質的須求減少至與足月新生兒一樣。
嬰兒（一～十二個月）	寶寶在第一年生長速度最快，對蛋白質的須求量也最多，大約是成人的三倍。此階段幼兒獲取蛋白質的主要途徑是母乳和配方奶粉。一般而言，嬰兒期的寶寶每天食用700～800毫升母乳或配方奶粉。
幼兒（一～三歲）	每天對蛋白質的須求量大概為35～40克，攝取途徑已比較豐富，父母可透過肉、蛋、魚、豆類及各種穀物類來給孩子提供足夠的蛋白質。

Tips：關於蛋白質利用率。

蛋白質利用率是食物中的蛋白質被消化和吸收後在體內被利用的程度，最常用的衡量指標是蛋白質生物學價值，簡稱生物價，生物價越高的蛋白質越容易被人體利用。幾種常用食物蛋白質的生物價和每百克的蛋白質含量：雞蛋9／13.4克，脫脂牛奶85／3克，魚83／17～18克，牛肉76／15.8～21.7克，豬肉74／13.3～8.5，白米77／8.5克，小麥67／12.4克，生大豆57／39.2克，白菜6／1.1克，馬鈴薯67／2.3克，花生59／25.8克。

五、被誤解的「脂肪」

如果你在Google上輸入「脂肪」二字，首先出現的就是關於脂肪肝和減肥的資訊，似乎脂肪成了一個貶義詞，但實際上，脂肪的功用很多，是人體的重要組成部分，也是重要的食物之一，概括起來，脂肪的作用主要有：

（1）供給能量。1克脂肪在體內分解成二氧化碳和水的同時可產生38千焦耳能量，比1克蛋白質或1克碳水化合物產生的能量高一倍多。

（2）構成重要的生理物質。

（3）維持體溫、保護內臟。皮下脂肪可防止體溫散失過多，也可防止外界熱能直接傳導進體內，進而維持正常體溫。內臟器官周圍的脂肪墊有緩衝外力衝擊保護內臟的作用。

（4）提供必須脂肪酸。

（5）提供脂溶性維生素。奶油和魚肝油富含維生素A、D，許多植物油富含維生素E。脂肪還能促進這些脂溶性維生素的吸收，比如幫助胡蘿蔔素轉化為維生素A後被吸收。

當然，過量食用脂肪必然會引起身體機能的各種問題，包括肥胖症、脂肪肝和所謂的「三高」。這就要求我們在攝取脂肪時遵循一定的原則。

首先，合理的脂肪攝取應遵循1：1：1的原則，即飽和、單元不飽和、多元不飽和脂肪酸的比例應為1：1：1。主要由單元不飽和脂肪酸和多元不飽和脂肪酸組成的脂肪在室溫下呈液態，大多是植物油，如玉米油、花生油、豆油和菜籽油等。主要由飽和脂肪酸為主組成的脂肪在室溫下呈固態，多為動物脂肪，如牛油、羊油、豬油等。這可以作為判斷脂肪酸類型的標準，但也有例外，如深海魚油雖然是動物脂肪，但富含多元不飽和脂肪酸，因而在室溫下呈液態，而且它所含有的EPA和DHA對身體十分有益，特別是DHA對幼兒大腦的發育特別有幫助。

其次，我國營養學會建議膳食脂肪供給量不宜超過總能量的30%，也就是說人體所須的其他能量應從蛋白質和碳水化合物中獲取。

Tips：比較食物中所含的脂肪量發現，果仁所含脂肪量最高，各種肉類次之，蔬菜、水果、米、麵含量很少。

六、能量泉源——碳水化合物

碳水化合物的主要作用就是提供能量，是供給人體能量最主要、最經濟的來源。而且腦組織、心肌和骨骼肌的活動都須要靠碳水化合物提供能量。此外，碳水化合物還具有構成重要生理物質、節約蛋白質、抗酮作用以及保肝解毒的作用。所謂節約蛋白質是指在碳水化合物的攝取充足時，人體會首先選擇碳水化合物作為能量來源，進而避免將寶貴的蛋白質用來提供能量，達到節約蛋白質的作用。

為了達到營養平衡，身體健康，膳食中由碳水化合物供給的能量以佔攝取總能量的百分之六十至七十為宜，這也是為什麼稱碳水化合物為能量泉源的原因了。關於碳水化合物的來源，最熟悉的莫過於穀類、薯類和豆類，這些食物中富含澱粉，是碳水化合物的主要來源，而食用糖（白糖、紅糖、砂糖）幾乎百分之百都是碳水化合物，蔬菜、水果中也含有少量果糖。

【思考題：寶寶是否能吃糖？何時能吃糖？吃糖過多會造成什麼問題？（答案見第三章）】

七、身微言不輕的「微量物質」和「膳食纖維」

微量物質是指礦物質和微量元素，它們在人體內發揮著重要的作用，概括起來可分三方面：①構成人體骨骼、牙齒等硬組織。②以離子形式溶解在體液中維持人體水分的正常分佈、體液的酸鹼平衡和神經肌肉的正常興奮性。③是一些酶的組成成分和啟動劑。

人體由於新陳代謝，每天都有一定量微量物質經由各種途徑排出，所以須要每天從食物和水中補充。根據中國人的飲食習慣，容易缺乏的礦物質和微量元素主要是鈣、鐵、鋅、硒、碘等元素，因此在這裡主要介紹這幾種微量物質。

1. 鈣

鈣的重要作用是眾所周知的，它是牙齒和骨骼的主要成分，與鎂、鉀、鈉等離子在血液中的濃度保持一定比例才能維持神經、肌肉的正常興奮性，此外，鈣離子是血液保持一定凝血性的必要元素之一，也是體內許多重要酶的啟動劑。

對嬰幼兒來說，由於生長發育的特殊須要，專家建議出生五天後的新生兒每天補充維生素D四百個國際單位，以促進鈣的吸收。此外，由於母乳中的鈣、磷比例適當，利於幼兒對鈣的吸收，因此建議盡量使用母乳餵養。六個月以下的幼兒每天須補鈣一百毫克，七～十二個月後為每天一百三十三～一百五十毫克，一～二歲為每天兩百毫克。兩歲後，如果發育正常，就可以停止補鈣了。此時的幼兒有比較充分的戶外活動時間，能夠自行合成維生素D，促進鈣的吸收，同時豐富的食物也能為寶寶提供足夠的鈣。

Tips：含鈣豐富的食物主要有奶和乳製品、小蝦皮、芝麻醬、大豆和豆製品以及深綠色蔬菜，比如、雪裡紅、芹菜葉和小蘿蔔纓等。

2. 鐵

鐵是合成血紅蛋白的主要原料之一。血紅蛋白的主要功能是把新鮮氧氣運送到各組織。缺乏鐵時不能合成足夠的血紅蛋白，造成缺鐵性貧血。此外，鐵是參與體內氧化還原反應的一些酶和電子傳遞體的組成部分，如過氧化氫酶和細胞色素都含有鐵。

對嬰幼兒的父母來說，最應該關注的是缺鐵性貧血，此病的發病高峰在嬰兒四～六個月齡至兩歲左右。母乳乳汁的含鐵量低，但利用率很高，因此母乳餵養的嬰兒患缺鐵性貧血的機率遠低於人工餵養嬰兒。一般來說，足月出生嬰兒體內儲存鐵量足以供嬰兒使用四～六個月。待四～六個月後，因體內儲存鐵已用盡，且生長發育迅速，鐵須要量增多，此時不論是人工還是母乳餵養均須添加含鐵食物，但在此之前不宜過早補充鐵，以免干擾乳鐵蛋白的抗病能力。如果嬰兒屬於早產兒或低出生體重嬰兒可考慮在醫生的指導下提早開始補鐵。

Tips：動物內臟（特別是肝臟）、血液、肉類和魚類含有豐富的血紅素鐵，吸收率可達百分之二十以上，且不受膳食中其他成分的影響，而深綠色葉蔬菜雖然含鐵量不高，並且是非血紅素鐵，吸收率比較低，但為民眾膳食鐵的重要來源，其中含鐵量比較高的是菠菜、雪裡紅、芹菜、豆類、葡萄乾等。

3. 鋅

鋅廣泛分佈於全身組織，已經發現有五十多種酶含鋅或與鋅有關。鋅參與核酸和蛋白質的合成，促進細胞生長、分裂和分化，進而促進生長發育，特別是性器官的發育，同時有增進食慾和增強身體抵抗力的作用。

4. 硒

人們認識硒的時間並不長，至今只有七十多年的歷史。研究發現，硒是人體內谷胱甘肽過氧化物酶的重要組成成分，而谷胱甘肽過氧化物酶是體內重要的抗氧化酶，有保護細胞膜避免氧化損傷，延緩衰老的作用，此外硒參與甲狀腺素的代謝，是重金屬解毒劑，能與鉛、鎘、汞等重金屬結合，阻止這些有毒重金屬被腸道吸收。

Tips：肝、腎、肉類和海產品都是硒的良好食物來源。

5. 碘

碘是甲狀腺的重要成分，甲狀腺具有促進生長發育、調節新陳代謝的作用。碘供給量為成人每日一百五十微克，孕婦、乳母須適量增加。

Tips：富含碘的食物主要是海產品，如海帶、紫菜、海魚、海蝦等。

除了以上介紹的微量物質之外，近年來的研究發現很多慢性疾病（如高血脂症、便祕、心臟病、肥胖等）與膳食中膳食纖維的多寡密切相關，而保持每天三十克膳食纖維能夠有效預防便祕，控制體重，降低血液中的膽固醇濃度。

Tips：富含膳食纖維的食物主要有雜糧（如玉米、高粱、糙米、全麥粉）、乾豆類及各種蔬菜。

寶寶即將出生，爸爸媽媽們帶著滿腦袋的營養學知識衝入戰場，準備為寶寶打造一片美食天空，不知這片天空將是晴還是雨……

CH 2

關於躺著吃飯

當第一年裡，寶寶大多數時間在床上度過，就像躺在媽媽的肚子裡一樣，他們過著典型「飯來張口」的生活。

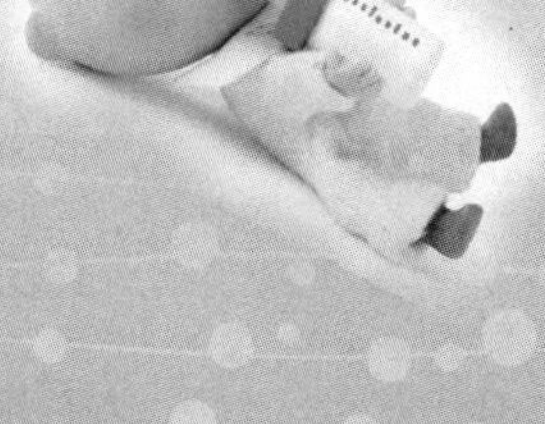

第一節 〇～一歲寶寶特徵篇

養兒育女是大自然對人類的賜福，但在當今社會中養兒育女已經不像過去般「自然」，人工的成分越來越多，父母面臨的問題也越來越多。

現在肥胖寶寶並不少見，由於母親在懷孕期間營養過剩，導致很多寶寶一生下來便超出正常體重，或者很多寶寶在出生後被父母「寵成」肥胖兒，影響寶寶一生的身體健

康。所以，從小養成健康的飲食習慣是爸爸媽媽應該學習的第一課。

一個新的生命降臨人間，為了以最快的速度適應這個環境，他不停地索取食物、不停地吃，就像在媽媽肚子裡一樣。在四個月時他們的體重將達到出生時的兩倍，一週歲時達到出生時的三倍，身長也將增加百分之五十，同時組織的構成也發生巨大變化，如體組織的氮、脂肪含量增加，水含量降低。面對如此高速的身體發育對大量營養的須求，寶寶的消化吸收系統、腎臟排泄功能卻尚未發育成熟，若餵養不當，極易造成營養不良，影響健康和生長。

因此爸爸媽媽要作的就是掌握寶寶的個體特徵，選擇最恰當的食物，採用正確的方式餵養，幫助寶寶養成良好的飲食習慣。

第二節 〇～一歲寶寶食物篇

一、奶粉或母乳，it's a question

商店中的各種奶粉琳瑯滿目，宣稱能代替母乳甚至超過母乳，很多新手媽媽似乎也受了這些廣告的影響而放棄餵母乳。

＊新手媽媽如是說

路德的媽媽：「產假只有三個月，我生完寶寶沒滿月就趕回去上班了。現在每天不得不十個小時待在公司裡，壓力大到無法分泌乳汁，而且也沒有時間替寶寶餵奶。所以我選擇使用配方奶粉，當然是品質比較好的，據說營養很豐富，寶寶吃了也很健康。」

家和的媽媽：「我們家的情況很特殊，並不是我不想餵母乳，而是我婆婆一心認為高價的配方奶粉肯定也具有高品質，堅持要我用奶粉，我是沒有辦法。」

端端的媽媽：「剛生完寶寶，我的奶水一直很少，不得已用了一段時間的奶粉，看端端適應得很好，就沒有再換回母乳。後來聽說很多奶粉都有問題，可能導致腎臟疾病，我趕緊開始餵母乳，但小傢伙似乎不喜歡我的奶水，真不知道該怎麼辦？」

專家解析：

上面三位母親因各自不同的原因放棄了母乳，雖然她們面臨的問題不同，但答案只有一個，那就是採用以母乳為主，奶粉為輔的餵養方式。原因很簡單，母乳是為寶寶量身訂製的最佳食品。現在所有的研究結論都證實，不論奶粉宣稱添加了多少營養成分，都不可能完全替代母乳，原因如下：

1.含有至少十五種抗菌因子只存在母乳中，這些抗菌因子不但有助於增強寶寶的抵抗力，更能減少寶寶患上腹瀉、呼吸道及皮膚感染等疾病的機率。

2.餵母乳可以增進母子情感，促進寶寶心理的健康發展。

3.母乳蛋白質約三分之二為白蛋白，脂肪球小，有較多的脂肪酶，必須脂肪酸和其他不飽和脂肪酸的含量高，易於消化、吸收、利用。

4.母乳的乳糖含量高，有益於大腦發育。

5.母乳礦物質含量較牛奶少，不會加重嬰幼兒的腎臟負擔，並且其中鐵、鋅等的生物利用率高。

哺乳技巧：

第一，媽媽要清楚自己的母乳情況。如果寶寶每隔三小時就想吃奶，每次吃十分鐘左

右就主動鬆開乳頭，然後睡著或者抬頭東張西望，這說明母乳充足。而如果寶寶老是吸吮著乳頭不放，吃完奶一會兒又想吃，體重增加慢，說明母乳可能不足。這時，母乳不足的媽媽要有信心，保持愉快的心情，特別是在分娩後一至二個星期尚未真正分泌乳汁前，千萬不要誤認為自己沒有奶而放棄餵母乳，更應該堅持下去。可以先採用人工餵養，同時讓寶寶至少每兩小時吮吸一次，一旦出現漲奶的感覺立刻停止餵奶粉。當然，媽媽還應該放鬆多休息，多喝些營養豐富的煲湯。

第二，媽媽應採取科學的哺乳姿勢。正確的餵養姿勢有兩種情況。一是坐姿，二是臥姿。白天最好採取坐姿，晚上則採取臥姿。

所謂坐姿就是我國比較常見的「坐位環抱式」，即媽媽用肘部內側托住寶寶的脖子和背部，手掌張開托住寶寶臀部，而另一手的四指和拇指呈「C」字型輕握住乳房，讓寶寶的嘴和下頜部緊貼媽媽的乳房，將乳頭和大部分乳暈含住，同時媽媽與寶寶的胸部互相緊貼，腹部互相緊貼。

所謂臥姿就是國外比較流行的「橄欖球抱法」，即媽媽背靠床頭坐或半臥，用柔軟的被子或靠墊將後背墊高，把寶寶用的枕頭或棉被疊放在身體一側，其高度約與乳房下邊緣平行，具體高度可由媽媽自己調節，只要保持寶寶的上半身高於下半身，可構到媽媽的乳頭即可。然後將寶寶放在剛才準備好的枕頭或棉被上，媽媽用胳膊環抱住寶寶，使寶寶的胸部貼著媽媽的胸，媽媽用另一隻手採「C」字型輕握乳房，讓寶寶含住乳頭和大部分乳暈。

Tips：減肥與母乳如何兼顧？

如果妳希望自己的身材盡快恢復，但又不想因節食影響奶水品質，那麼可以盡量抓住每一個機會重塑體型，比如採用上述坐姿時，盡量挺直背部，採用腹式呼吸，不僅鍛鍊腹背肌肉，同時腹式呼吸能達到舒緩情緒的作用，讓奶水更加充足。發揮妳的聰明才智，肯定能找到更多兼顧母乳餵養與減肥的方法！

第三，媽媽根據寶寶的個體情況，制訂合理的餵養計畫。寶寶應該吃多少？媽媽要遵循「按須哺乳」的原則，像上面提到的在母乳充足的情況下每次十分鐘即可。剛開始新生兒的吃奶次數很不規則，要吃很多次，但隨著寶寶逐漸長大，他會提供更加明確的信號來提醒媽媽餵奶，其中哭鬧就是最重要的一個信號，媽媽也可以經常測一下寶寶的體重，檢查餵養方法是否得當。剛出生的寶寶每天大概須要餵十至十二次，兩個月以後六至七次，六個月以後五次左右，不過還是要以「按須哺乳」的原則為主，只要寶寶餓了就要讓他吃。針對新生的寶寶，一般白天每隔二至三小時餵一次，晚上每隔三至四小時餵一次。六個月以後的寶寶，夜間可不再餵奶，除非寶寶餓醒。

掌握了「按須哺乳」的原則，相信不論是什麼樣的寶寶都能快快長大，當然這其中也會出現很多不同的問題，讓我們一起分享。

*權宜之計——配方奶粉

如果母親的奶水不足或因為疾病原因無法母乳餵養，就只能退而求其次選擇配方奶粉。可是面對當前諸多關於奶粉的負面報導，選擇什麼樣的奶粉才能放心使用呢？

首先，根據幼兒的身體狀況選擇適合的配方奶粉。如果您的寶寶是早產兒，建議選擇早產兒奶粉，待體重發育至正常水準，即大於兩千五百公克後再使用嬰兒配方奶粉。如果您的寶寶缺乏乳糖酶或有氣喘和皮膚疾病，建議選擇免敏奶粉，又稱黃豆配方奶粉。如果你的寶寶因患上急慢性腹瀉或短腸症導致腸道黏膜受損，缺乏多種消化酶，則建議選擇水解蛋白配方奶粉。諸如此類，最好根據醫生的建議作出正確的選擇。零至六個月的寶寶食用第一階段嬰兒配方奶粉，六至十二個月的嬰兒食用第二階段嬰兒配方奶粉，十二至三十六個月的寶寶食用第三階段嬰幼兒配方奶粉或助長奶粉等產品。

其次，成分越接近母乳越好。母乳所含的肌氨酸、牛磺酸比牛奶中的含量高，應選擇強化這兩種物質的配方奶粉；選擇用植物油代替部分牛乳脂肪的配方奶粉，總熱能中亞油酸應達到３％～４％，這樣有助於提高吸收率；選擇含有維生素Ｋ的配方奶粉；牛奶中鈉、鉀、氯的含量高於母乳，易加重嬰幼兒的腎臟負擔，建議選擇鹽含量不超過50mmol／L的配方奶粉；選擇補充鈣的配方奶粉，保證鈣與磷的比值為1.3～1.51選擇每升含５～６

毫克鋅和7～12毫升鐵的配方奶粉。

在使用配方奶粉時，建議不要將母乳和配方奶粉同時餵給寶寶，否則容易造成寶寶消化系統紊亂。應先餵母乳，當母乳無法滿足寶寶的須要時，適當餵養配方奶粉，不建議過分追求「全母乳」餵養。因為一味追求全母乳，導致自己身心疲憊，影響寶寶的正常發育更得不償失。多聽聽家人的建議，大家的目標都是一致，為了照顧好寶寶。

*其他問題

現實生活中不論是母乳餵養還是人工餵養皆會遇上層出不窮的問題，這裡針對一些經常出現的問題提出建議：

1.初乳看起來顏色不好而且很稀，要讓寶寶喝嗎？

專家解答：初乳是新媽媽產後十二天內分泌的乳汁，含有豐富的營養成分，包括蛋白質、各種酵素、碳水化合物和少量的脂肪，能夠提高寶寶的免疫能力，所以一定要讓寶寶喝初乳。而且寶寶吮吸初乳本身能幫助媽媽分泌乳汁，一舉兩得。

2.產後我的乳房總是很硬而且腫脹，非常難受，怎麼辦？

專家解答：這是漲奶的症狀。漲奶現象常見於產後一週，主要原因是乳汁未被完全排出，淤積在乳腺管內，引起乳房脹痛。發生漲奶後，新媽媽應首先檢查寶寶的吮吸方法是否正確，若沒有問題，應讓寶寶持續吸奶，餵奶時用食指在乳房硬塊處按順時針方向揉，保持乳汁被吮吸乾淨。此外應養成規律的餵奶習慣，定時定量。

3.何時可以給寶寶換另一種牌子的奶粉？

專家解答：除非現在使用的奶粉出現問題，否則不必為寶寶更換品牌，只要根據寶寶所處年齡層選擇適合該年齡層的奶粉即可。如果一定要更換，須要遵守一定的原則，即由少到多。開始時在原來的奶粉中加入少量新品牌奶粉，觀察寶寶的消化情況，若無異常，可逐漸增加添加數量，最後完全代替。

4.為了讓寶寶長更快，可以把奶粉沖濃一點嗎？

專家解答：所有品牌的奶粉都在包裝罐上提供了沖調比例，爸爸媽媽應該嚴格遵守這個比例，不可過濃也不可過淡。過濃會加重寶寶胃腸和腎臟的負擔，容易引起慢性脫水、大便乾燥、上火等症狀，而過淡則無法保持寶寶正常發育的須求。每次沖調的奶粉都應在三十分鐘內飲用完畢，否則會對寶寶的身體造成傷害，爸爸媽媽們切不可因小失大。

5.寶寶吃完奶粉後經常放屁，是腸胃出現問題嗎？

專家解答：放屁是正常的生理現象，即便患上了腸道疾病，放屁也並非疾病症狀。

6.除了開水，還可以拿別的液體來沖奶粉嗎？如粥水、果汁、蘿蔔水等。

專家解答：最好選用溫開水沖調奶粉。因為採用其他液體或沸騰的水來沖調會改變奶粉的性質，破壞營養成分。有的媽咪在奶粉中摻入米湯、米粥等含有大量澱粉的食物，以為能為寶寶提供更充足的營養，實際上適得其反。將奶粉與米湯摻在一起會導致維生素A大量流失，因為維生素A不宜與澱粉混合，否則將導致嬰幼兒缺乏維生素A，直接影響寶寶的正常發育。

7.人工餵養寶寶應當遵循什麼樣的規律？

專家解答：人工餵養寶寶的規律：從「按須求餵養」逐步過渡到「定時定量餵養」。每次吮吸的時間為十五至二十分鐘。當然，每個寶寶的胃口大小都不一樣，新媽媽可根據寶寶

的須求適量地增減餵奶的次數和奶量。

8.人工餵養時如何補充水分？

專家解答：人工餵養的寶寶須要補充一定的水分，一歲以下的小嬰兒每天水的須要量為120～160毫升，是成人的三至四倍。應提醒爸爸媽媽們注意的是，可以在兩餐之間餵點糖水，但不能過甜，大人覺得似甜非甜的濃度正適合寶寶。不過最好的飲料還是白開水，如果是夏季出汗過多或因拉肚子造成輕微脫水，可補充一些鹽水。

二、媽媽吃得好，我才能吃得好

初為人母，經常會出現下面的狀況。

媽媽正在吃飯，三個月的妮妮突然哭了。

爸爸：「妳先吃，我來照顧妮妮。」

媽媽：「不行，你來我不放心，我等會兒再吃也行。」

爸爸：「不行，妳不吃得好，她怎麼會有營養？」

寶寶：「同意，同意，媽媽吃好，我才能吃好。」

新媽咪對寶寶百般疼愛，總喜歡所有的事都親力親為，不願讓寶寶離開自己的視線。但剛剛經歷分娩的媽媽大多身心疲憊，缺乏休息，這樣如何能為寶寶提供高品質的奶水呢？

所以，愛寶寶首先要好好照顧自己。

專家建議：

剛剛走出產房的新媽媽非常疲勞，完全吃固體食物有一定困難，而且分泌乳汁須要大量水分，因此應多吃一些流質或半流質的食物，特別是含有豐富蛋白質的食物熬成的湯，比如雞湯、魚湯和牛奶。其中牛奶具豐富蛋白質、微量元素、維生素和礦物質，對新媽媽非常有益。此外，如果分泌乳汁困難，還可口服多種維生素，配合中西藥物或針灸治療。

下面介紹幾款湯品供新媽媽選擇：

清燉烏骨雞

食材：烏骨雞肉一公斤，蔥、薑、鹽、酒等配料若干，25克黃芪，15克枸杞，15克黨參。

製作方法：將雞肉洗淨切碎，與蔥、薑、鹽、酒等拌勻，在上面鋪上黃

芪、枸杞和黨參，蒸二十分鐘。

功效：補充體力，幫助分泌乳汁。

絲瓜鯽魚湯

食材：活鯽魚500克，絲瓜200克，黃酒，蔥，薑等配料若干。

製作方法：將鯽魚洗淨、背上剖十字花刀，在油中稍微煎一下，然後放入黃酒，再加清水、薑、蔥等，小火燉二十分鐘。絲瓜洗淨切片，加入魚湯中，旺火煮至湯呈乳白色後加鹽，再煮三分鐘即可。

功效：益氣健脾、清熱解毒、通調乳汁。媽媽們也可將絲瓜換成豆芽或通草，不影響效果。

花生燉豬蹄

食材：豬蹄四隻，花生米200克，食鹽、生薑、米酒、蔥各適量。

製作方法：將豬蹄拔毛、洗淨，刀劃口，放入砂鍋內，加入花生米、食鹽、蔥、生薑、米酒、清水適量，置旺火上燒沸，改用小火燉熬豬蹄至熟即成。

功效：催乳增乳、養血益陰。

母雞燉山藥

食材：母雞一隻，黃芪30克、黨參15克、山藥15克、紅棗15克、黃酒50克。

製作方法：將母雞洗淨，在其腹中裝入黃芪、黨參、山藥、紅棗，淋上黃酒，隔水蒸熟。

功效：改善脾胃虛弱症狀，同時催乳、增乳。

豌豆粥

食材：豌豆50克、白米適量。

製作方法：先煮白米，待水沸騰後，加入豌豆繼續煮至熟爛。空腹溫熱食用，每天兩次。

功效：理脾益氣、除濕利水、消腫通乳、生肌生肉、滋養皮膚。

*不可不知的禁忌

餵母乳的媽媽所吃的食物會藉由乳汁影響寶寶，因此新手媽媽在食用以下食品時應謹慎食用：

1.辣椒、生蒜、生蔥、香菜等味重或有刺激性的食物，它們會使乳汁產生異味。

2.味精、巧克力、咖啡、茶等會影響寶寶發育的食物，其中茶葉中所含物質會隨乳汁進入嬰兒體內，使嬰兒容易發生腸痙攣和無緣無故啼哭，使嬰兒睡眠不好，引起其他併發症。而味精會造成嬰兒智力減退、生長發育遲緩等不良後果，在哺乳期最好忌食味精。應該注意的一點是，現在大家多使用雞粉代替味精，雖然雞粉較為健康，但也不可多食。

3.生蔥、大豆會讓寶寶脹氣。

4.西瓜、黃瓜、梨屬寒性水果，可能會讓寶寶拉肚子。其他一般的水果，最好先用熱水燙過後吃，然後一天加一點涼的，讓寶寶的腸胃有一個適應的過程。

5.韭菜、麥芽、人參等食物可能引起斷奶。

6.一些油炸、高熱量的垃圾食品也要盡量少食用。

7.特別注意醃製等高鹽分的食物。這些食物造成乳汁中鹽分含量過高，加重寶寶腎臟的負擔。

總之，飲食均衡的媽媽才能為寶寶提供健康的母乳。

Tips：以母乳餵養的媽媽每天到底須要增加多少營養素？

能量：增加800卡路里（3347.3千焦耳）。

蛋白質：增加25克優質蛋白質。

鈣：總量1500毫克。

鐵：總量28毫克。

維生素A：總量1200μgRE。

維生素B_1和B_2：總量各為2.1毫克。

維生素C：總量100毫克。

三、睡與吃，孰重孰輕？

*爸爸媽媽的擔憂

天天（三個月）的媽媽：「我家寶寶最喜歡抱著奶瓶，含著奶嘴睡覺，我婆婆說這樣能讓他多吃一點，但我擔心寶寶會嗆奶，請專家給個合理的解釋，我好說服婆婆。」

宇軒（五個月）的爸爸：「我覺得睡前喝

奶很好啊！能夠幫助睡眠、促進發育。」

珞瑜（九個月）的媽媽：「我家珞瑜四個月前天天晚上讓我不得安寧，每兩個小時就要餵一次奶，到了現在九個月還要每晚餵兩次，我白天真的很累，晚上想睡個安穩，怎樣能不影響寶寶的正常發育，又解決晚上喝奶的問題呢？」

專家解析：

針對第一個家長天天媽媽的問題，專家支持她的觀點，不應當讓寶寶含著奶嘴睡覺，因此應勸說長輩改變自己傳統的方法。當然這須要一定的技巧，不可過於強硬，畢竟長輩也是為了孩子好，試著盡量溫和地勸說，也可藉專業書籍或醫生等專家讓長輩了解含著奶瓶睡覺的害處。首先，含著奶瓶睡覺容易引起猝死症。因為當寶寶睡著後，含著奶嘴容易使口水累積在喉嚨處阻礙呼吸，進而引起猝死症。其次，奶粉營養豐富，容易滋生細菌，含著奶嘴睡覺導致大量細菌進入寶寶體內，影響身體健康，同時導致奶瓶性蛀牙產生。

針對第二個家長宇軒爸爸的觀點，專家認為他的觀點比較片面。睡前餵奶的確有一定的優點，就像宇軒爸爸說的那樣能幫助睡眠、促進發育。因為當寶寶進入睡眠狀態後，內分泌系統功能活躍，生長激素大量釋放，睡前餵奶能讓豐富鈣質進入體內，兩者結合加速寶寶的骨骼發育，同時也能避免因飢餓影響睡眠品質。但睡前餵奶也有一定的缺點，可能影響消化，造成齲齒，同時有嗆咳的危險。因此應在寶寶有飢餓感的情況下適當餵奶，不可超量，並在餵奶後豎著抱寶寶，或讓寶寶將頭靠在媽媽肩頭，輕拍寶寶的後背，幫助他打嗝排氣，也可讓寶寶採取右側臥姿睡覺，進而避免嗆奶，然後再適量補充水分，讓寶寶吸兩口溫開水，一方面能清洗掉口腔內的餘奶，防止齲齒，一方面幫助吸收與消化。

針對第三個家長珞瑜媽媽的問題，專家建議在餵奶之後讓寶寶喝一點水，然後逐漸增加喝水的量，並逐漸減少喝奶的量，這樣寶寶便會逐漸不在夜裡喝奶。不過這只適用於三個月以後的寶寶，因為這時的寶寶還無法作出白天該起床、晚上該睡覺的反應，加上母乳分子小，較容易消化與吸收，因此母乳寶寶比較容易餓，幾乎每兩小時就要喝一次奶，這是正常現象，爸爸媽媽不可違背基本規律。

Tips：一歲前防蛀牙小竅門：

除了上面提到的飯後餵溫開水的方法外，在寶寶六個月長出乳牙後，如果他可以自己抱著奶瓶喝奶，就盡量讓他在二十分鐘內喝完，別養成邊吃邊玩的壞習慣，否則拖長時間會增加小乳牙受牛奶腐蝕的機會。

*養成定時餵奶的好習慣

在前三個月裡，寶寶在白天活動漸漸增多，夜間睡眠逐漸延長，這時，寶寶能夠逐漸分清晝夜，爸爸媽媽應抓住這個重要時期，讓餵奶的時間間隔也隨之變得晝短夜長。二至三個月的寶寶，建議在早晨三點至下午六點間每三小時餵奶一次，晚上六點以後隔五小時到十一點餵奶一次，然後隔四小時到凌晨三點餵一次，以後每隔三小時餵奶一次到晚上六點，如此反覆，這樣寶寶就能把晚上六點這次晚餐當成正餐，乖乖地吃飽。

到六個月時，正餐應延遲到晚上八點，餵奶後間隔六小時，到兩點再餵一次，這樣寶寶夜間睡眠的時間就更長些。到十個月至一歲時，正餐時間應定在晚上九點或十點，然後到早晨再餵下一次，這時寶寶就能一覺睡到天亮了。

應當強調的一點是，寶寶的食量應讓寶寶自己決定，爸爸媽媽若無視寶寶發出的訊息而強迫餵食，可能會使寶寶排斥副食品或其他固體食物，因此切不可在奶量上斤斤計較，最重要的是辨識孩子飢餓的訊息，提供足夠的營養。

四、寶寶的食譜從現在開始變得豐富

添加副食品是為了讓寶寶獲得更加充足的營養，但應遵循一定的原則，即添加副食品應當從單一到多樣、從稀到稠、從少到多、從細到粗。奶瓶寶寶可以在二～三個月時開始食用適量的副食品，而母乳餵養的寶寶則要等到四個月後再開始。

針對二～三個月的奶瓶寶寶，爸爸媽媽可以每天為他提供10毫升的菜湯，四分之一個雞蛋黃。但此時不可添加米粉，等到四個月後，奶瓶寶寶和母乳寶寶的副食品食譜基本一樣。

*添加副食品時間表

1.兩週

母乳所含的維生素C、D不足，應從出生後兩週起逐步添加魚肝油和維生素C，但不視為副食品，具體用量遵照醫生囑咐。

2.四個月

添加米湯以促進澱粉酶的生成，並補充維生素B群。

【DIY副食品】

香蕉粥

食材：香蕉一小段、奶粉2勺。

製作方法：將香蕉研磨成泥放入鍋中，加入清水，邊煮邊攪拌，成為香蕉粥。奶粉沖調好，待香蕉粥微涼後倒入，攪拌均勻即可。

功效：香蕉中含有豐富的鉀和鎂，其他維生素和糖分、蛋白質、礦物質的含量也很高，除了能強身健體外，亦能改善便祕問題。

米糊

食材：糙米、小米、芝麻、核桃、蕎麥、全麥、淮山、薏米、蓮子、紅棗、玉米等雜糧穀物若干。

製作方法：將糙米、小米、芝麻、核桃、蕎麥、全麥、淮山、薏米、蓮子、紅棗、玉米等穀物磨成粉（超市中一般會提供研磨的服務），放入鍋中同煮，此外還可加入適量地瓜、紅蘿蔔、南瓜、玉米、豌豆汁、玉米、毛豆汁等，再加入一些骨頭湯或雞湯，用以調味。

功效：營養豐富，寶寶絕對喜歡。

鮮玉米糊

食材：新鮮玉米半根。

製作方法：用刀將玉米粒削下來，攪拌成漿，用紗布將玉米汁過濾出來，或用榨汁機榨出玉米汁，然後煮成黏稠狀即可。

功效：玉米富含鈣、鎂、硒、維生素（E、A）、卵磷脂和十八種胺基酸等三十多種營養活性物質，能提高人體免疫力，促進大腦發育。

3.五～六個月

除繼續食用上述食品外，補充澱粉類食物（如米粉糊、粥類）、動物性食物（肝、蛋、魚）、蔬果類和植物油。這一階段寶寶消化道中澱粉酶分泌量明顯增多，能夠消化一定的澱粉類食品，即時添加澱粉類食物不僅能補充乳品能量之不足，提高膳食中蛋白質的利用率，還可培養寶寶逐漸學會使用湯匙和咀嚼。具體餵養的步驟以蛋黃為例，開始時餵四分之一個，並無異樣後，隔二至三天增加至二分之一或三分之一個，然後逐漸增加至一個。此外，餵食副食品不宜在兩次哺乳之間，否則會增加飲食次數，開始時可在哺乳後立即補充少量，六個月後可代替一至兩次乳類。

【DIY副食品】

雞湯南瓜泥

食材：雞胸肉一塊、南瓜一小塊。

製作方法：將雞胸肉放入淡鹽水中浸泡半小時，然後剁成泥，放入鍋中，加入一大碗水，大火煮開後，改小火慢慢熬煮成一小碗。將南瓜去皮放入鍋內蒸熟，用湯匙研磨成泥。將熬煮好的雞肉湯過濾掉雞肉顆粒，將雞湯倒入南瓜泥中，再稍煮片刻即可。

功效：雞肉富含蛋白質，南瓜富含鈣、磷、鐵、碳水化合物和多種維生素，其中胡蘿蔔素含量較豐富，與雞湯搭配，易於吸收。

蘋果泥

食材：蘋果一個、白糖適量。

製作方法：將新鮮蘋果洗淨去皮、核，切成薄片，與適量白糖（不可用蜂蜜，因為兩歲前的寶寶不可食用蜂蜜）一起放入鍋中，加適量水後，先以大火煮沸，改中火熬成糊狀，用湯匙研磨成泥。煮一次可食用三天，開始時每次半湯匙，以後逐漸加量。

功效：止瀉。

雞肝泥

食材：雞肝50克，雞湯適量，醬油、白糖各少許。

製作方法：將雞肝放入水中煮，煮出血水後換水再煮十分鐘，取出剝去雞肝的外皮，然後將其放入碗內用湯匙磨碎。將適量雞湯放入鍋內，加入磨碎的雞肝，繼續煮至糊狀，加入少許醬油和糖攪勻即可。

功效：雞肝富含維生素A和鐵，可防治貧血和維生素A缺乏症。

Tips：雞肝要磨碎煮成泥狀再餵食，同樣的方法可以用來製作豬肝泥。

豆腐泥

食材：豆腐50克、肉湯適量。

製作方法：將豆腐和肉湯同時放入鍋中，邊煮邊用湯匙磨碎，煮好後放入碗內，磨至光滑即可餵食。

功效：豆腐富含優質蛋白質，易於消化與吸收，同時含有多種維生素、鈣、鎂、醣類等，口感軟綿，適合嬰兒。

Tips：煮的時間不宜過長，蛋白質如果凝固不易消化。

肉末茄泥

食材：圓茄子1/3個、瘦肉末一匙、太白粉少許、蒜1/4瓣、鹽、麻油（即香油）少許。

製作方法：在瘦肉末中加入剁碎的蒜、太白粉和少量鹽，攪拌均勻，醃二十分鐘。圓茄子橫切1/3，取帶皮較多那半個的茄肉部分朝上放在碗內，將醃好的瘦肉末均勻擺放在茄肉上，蒸至爛熟後取出，淋上少許麻油，拌勻即可。

功效：補充鈣質。

白蘿蔔生梨汁

食材：小白蘿蔔一個、梨半個。

製作方法：將白蘿蔔切成細絲，梨切成薄片。將白蘿蔔倒入鍋內，加入清水大火煮開後，改小火燉十分鐘，加入梨片再煮五分鐘即可，使用時只取其汁。

功效：白蘿蔔富含維生素C、蛋白質等營養成分，具有潤肺止咳，幫助消化的作用。

青菜汁

食材：青菜若干。

製作方法：將一碗水在鍋中煮開，青菜葉洗淨先在水中浸泡二十至三十分鐘，然後取出切碎約一碗，加入沸水中煮一至兩分鐘。將鍋離火，用湯匙擠壓菜葉，使菜汁流入水中，倒出清液即為菜汁。

功效：富含維生素，而且易於吸收。

4.七~九個月

此時的寶寶開始長牙，應及時添加麵包、餅乾等固體食物，以鍛鍊孩子的牙床及顎關節，進而促進孩子牙齒的生長及形成咀嚼吞嚥的良好習慣。最初可在每天傍晚的一次哺乳後補給澱粉類食物，以後逐漸減少此次的哺乳

量，增加副食品量，直到此次完全食用副食品而不再吃奶。同樣的方法可使用在午餐和早餐，最終過渡到三餐穀類和二至三次哺乳。

當寶寶已經習慣不同的食物後，爸爸、媽媽可以從寶寶已吃過的食物中挑選出幾種搭配組合，完成由添加單一食品到混和食品的過渡。專家提醒爸爸、媽媽應注意利用不同食物所含營養素的互補作用來增強營養，提高食物的營養價值。比如蔬菜中的維生素C可促進菫菜中鐵的吸收，因此可將蔬菜與肉類搭配，也可在澱粉類食物如粥或麵中加入肉、魚、蛋、豬肝、蔬菜、豆製品等食品，讓豐富多彩的食譜促進寶寶的食慾，同時簡化副食品添加的過程，減少寶寶的用餐次數。

【DIY副食品】

菠菜馬鈴薯肉末粥

食材：菠菜、馬鈴薯、蒸熟的肉末、高湯（瀝掉上層浮油的肉湯即可）適量、植物油。

製作方法：菠菜洗淨，開水燙過後剁碎；馬鈴薯蒸熟壓成泥備用；將粥、熟肉末、菠菜泥、馬鈴薯泥和適量高湯放入鍋內，小火燒開煮爛後，加入熬熟的植物油和少量鹽即成。

功效：菠菜富含鐵，肉類富含蛋白質，與肉末、馬鈴薯泥同食，易於吸收。

蝦仁菜湯麵

食材：龍鬚麵（細麵亦可）、熟蝦仁、青菜心、適量高湯、植物油。

製作方法：將龍鬚麵切成小段，放入沸水中煮至軟爛取出備用。將熟蝦仁剁碎，青菜心開水燙後切碎備用；將爛麵條、熟蝦仁、菜心和適量高湯一起放入鍋內，大火煮開後改小火再煮，待麵條爛熟後加入植物油稍煮片刻即成。

功效：蝦含有百分之二十的蛋白質，為蛋白質含量很高的食品之一，而且是營養均衡的蛋白質來源。青菜含有維生素C、維生素B和胡蘿蔔素，並含有較多的葉酸及膽鹼，無機鹽的含量較豐富，尤其是鐵和鎂的含量較高。麵條是維生素和礦物質的重要來源，含有維持神經平衡所必須的維生素B_1、B_2、B_3、B_6和B_9。

芝麻粥

食材：黑芝麻、白米、白砂糖適量。

製作方法：將黑芝麻炒熟後磨碎，白米淘洗乾淨放入開水中浸泡一小時，再加入適量開水煮成粥，加入磨碎的黑芝麻粉，繼續稍煮片刻，加入白砂糖即可。

功效：潤肺補腎，利腸通便。

肉末蒸蛋

食材：瘦肉末、雞蛋、麻油、醬油、鹽。

製作方法：將瘦肉末中加入少許醬油醃五分鐘；雞蛋加鹽打散，加入肉末拌勻，放入鍋中慢火蒸十五分鐘，食用時淋上麻油即可。

功能：雞蛋及豬肉均有良好養血生精、長肌壯體、補益臟腑的功效，尤其是維生素A含量高，除對產婦有良好的滋補功效外，對維生素A缺乏之症也有很好的治療作用。

蓮子百合銀耳羹

食材：蓮子、新鮮百合、銀耳、冰糖。

製作方法：將上述材料洗淨，銀耳掰碎，一起放入燉煲內慢燉兩小時左右至材料酥爛即可。

功效：具有潤燥清熱作用，適合咳嗽的患兒。

山楂醬

食材：山楂、白糖適量。

製作方法：將適量山楂洗淨去核，與白糖、水同煮至糊狀，用湯匙研磨成泥，放涼後每天服用少許。

功效：助消化。

梨醬

食材：梨和冰糖適量。

製作方法：將梨洗淨去皮及果核，切成薄片，與適量冰糖、水同煮至糊狀，用湯匙研磨成泥。

功效：止咳。

5.十～十二個月

此時寶寶的消化功能更加完善，在上述食譜的基礎上可添加瘦肉。建議不要採用煎、炒、爆等方式烹調肉類，應剁成碎末加入粥內或爛麵內一起煮，以幫助消化與吸收。羊肉中脂肪的熔點較高，難以消化，建議在年齡稍大後再添加。

【DIY副食品】

蝦蓉小餛飩

食材：大明蝦、小餛飩皮、蔥、紫菜、鹽、麻油少許。

製作方法：將蝦仁用刀拍碎，挑出蝦腸，剁碎後加入少許麻油、鹽，攪成蝦泥。將指蓋大小的蝦泥包進餛飩皮中，入鍋煮熟，食用時撒上蔥末和紫菜即可。

功效：蝦含有20％的蛋白質，是蛋白質含量很高的食品之一，也是營養均衡的蛋白質來源。另外，蝦類含有甘胺酸，這種胺基酸的含量越高，蝦的甜味越高。

香椿芽炒雞蛋

食材：香椿、雞蛋、蔥、鹽、油適量。

製作方法：將香椿放入開水中燙一下，撈出切成碎末；蔥洗淨切碎。雞蛋打散，放入切碎的香椿和蔥，撒少許鹽拌勻，放入熱油鍋中煎熟即可。

功效：香椿獨特的氣味能將附著在腸壁上的蛔蟲排出體外。

三鮮蛋羹

食材：雞蛋、蝦仁、蘑菇、瘦肉末、蔥、蒜、食用油適量，料理米酒、鹽、麻油少許。

製作方法：蘑菇和蝦仁洗淨切成丁。熱鍋中放入適量油，下蔥、蒜爆香，放入蝦仁、蘑菇和肉末，加入料理米酒、鹽，炒熟。雞蛋打入碗中，加少許食鹽和清水調勻，放入鍋中蒸熟，將炒好的三丁倒入攪勻，再繼續蒸五至八分鐘即可。

功效：補充豐富的鐵、鈣和蛋白質。

豆腐鯽魚湯

食材：豆腐、鯽魚、火腿（可不加）、蔥、薑末、料理米酒、醋、鹽、油少許。

製作方法：在洗淨的鯽魚身上塗抹少許鹽，以防止黏鍋。在鍋中放入油，待油熱，放入鯽魚稍煎一下，再放入上述各種調味料，加清水煮沸後加入豆腐，再煮十至十五分鐘，待湯呈乳白色時，撒上蔥末即可。

功效：蛋白質含量全面且優質，能夠增強抵抗力。

Tips：為了讓爸爸、媽媽更清楚了解寶寶每日的基本飲食，下面提供一個七個月寶寶的一日食譜：

6：00—6：30　母乳、牛奶或配方奶粉250毫升，麵包3～4塊。

9：00—9：30　蒸蛋一碗。

12：00～12：30　粥一碗（約20克，粥中加碎菜、魚末等）。

15：00　蘋果或其他水果半個或一個，用湯匙磨泥食用。

18：00～18：30　爛麵條一碗（約40克，麵中加肉末、碎菜）。

20：00～21：00　母乳、牛奶或配方奶粉220毫升。

第三節 〇～一歲寶寶餐具篇

關於奶瓶、奶嘴與乳牛的故事

話說三聚氰氨事件發生後，父母們恨不得直接養乳牛，自己擠奶，甚至只能購買昂貴的進口奶粉。但家長們似乎忘了一點，奶粉是要裝在奶瓶中的，寶寶是要吸奶嘴的，如果奶瓶和奶嘴這個仲介物出現了問題，再好的奶粉也會出現問題，甚至會嚴重影響寶寶的身體健康。

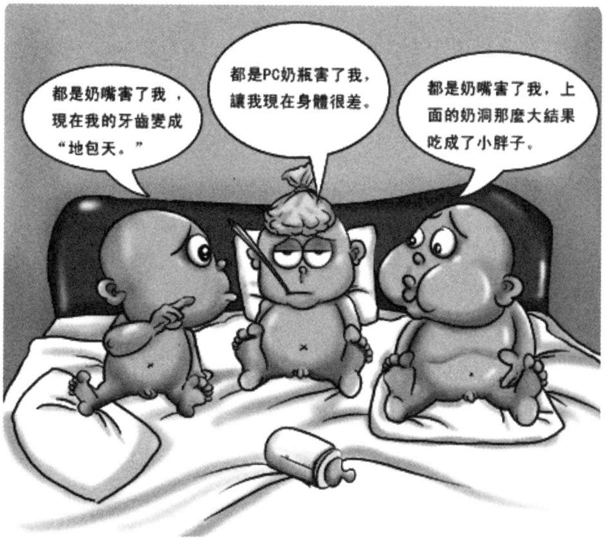

專家解析：

寶寶一出生，奶瓶就成為他們最親密的「夥伴」，母乳餵養的寶寶偶爾須要它，人工餵養的寶寶則一日三餐都須要它。因此，如何選擇、消毒和使用奶嘴、奶瓶成為新手爸媽們重要的學習內容。

一、如何選擇奶瓶和奶嘴？

*奶瓶的選擇標準

現在市場上的奶瓶主要有兩種，玻璃材質和塑膠材質，讓我們作一個詳細的比較。

玻璃奶瓶的優點是密度高、消毒方便、清洗容易，其耐熱溫度可達攝氏600度。缺點是相對售價略高，奶瓶瓶身較重、易碎。

塑膠奶瓶主要有三種，即PC奶瓶、PES奶瓶和PPSU奶瓶。PC奶瓶的優點是透光度佳，比玻璃奶瓶輕、售價較便宜，可耐熱至攝氏120度左右，也因此其普及率很高。缺點是大多含有BPA，這種物質可能導致很多疾病。建議新手爸媽們在購買PC奶瓶時，檢查瓶身的底部是否有一個三角形的環保回收標誌，如果三角形中的數字是7，就一定含有BPA，盡量避免購買或使用時注意加熱溫度不能超過攝氏100度。

資訊：BPA即雙酚基丙烷，常簡稱為雙酚A，是一種常用的化工原料，塑膠奶瓶、飲料瓶等塑膠容器及包裝物中大多含有該物質。雖然關於BPA是否危害健康的問題尚未形成共識，但可以肯定的是這種物質會對身體造成不利影響。比如有實驗證明，BPA可導致實驗鼠染色體異常等病變。還有研究發現BPA可能導致內分泌紊亂、少女早熟、肥胖等，甚至有研究顯示該物質可能增加前列腺癌及乳腺癌風險等。最新的研究證明，含BPA的塑膠製品一旦加熱或接觸高溫液體，就會迅速釋放誘發癌症的有害物質。

PES奶瓶的優點是瓶身較輕，安全性高，使用方便，缺點是價格約比PC奶瓶高出三分之一左右。

PPSU奶瓶的優點是重量非常輕，不易碎裂，耐熱性佳，安全性高，售價也較便宜。唯一的缺點是透光性略差。

根據上述比較結果，專家建議家長選用更加安全的玻璃奶瓶。

*奶嘴的選擇標準

選擇奶嘴最重要的兩個標準是「孔洞的大小」和「孔洞的形態」。

孔洞按其大小來劃分包括S、M和L三種。其中S號適合零至三個月內的寶寶，M號適合三至六個月內的寶寶，L號適合六個月以上的寶寶。

孔洞按其形態劃分包括十字型、圓孔和Y字型三種。其中十字型的孔洞可藉由寶寶吮吸的力道控制流出的奶量，當寶寶停止吮吸時，奶水就不再流出；圓孔型的孔洞在寶寶只有含住奶嘴而沒有吮吸時，也會慢慢滴出奶水，通常建議吮吸動作較差的寶寶選擇這種奶嘴；Y字型孔洞流出奶水的方式跟十字型的相似，都是必須靠寶寶吮吸才會流出奶水，適合二至三個月大以上的寶寶使用。而Y字型和十字型的不同之處在於切口的角度，Y字型的切口面積比十字型大，因此使用一段時間後，Y字型奶嘴的切口更容易變形。

除了孔洞的大小和形態外，奶嘴本身的形態和功用也是重要的選擇標準。比如按照形態來劃分，包括圓頭型、拇指形兩大類，按照功用來劃分，則包括仿媽媽乳房實感、防脹氣、高透氣性、去舌苔等，爸爸媽媽可根據這些選擇不同的奶嘴。

當然，最終使用奶嘴的是寶寶，而寶寶無法直接表達自己的感受，因此爸爸媽媽應仔細觀察寶寶對奶嘴的使用情況，若寶寶吸吮奶嘴時經常表現地很費力，而且奶瓶中的奶水下降得很慢，那麼就有可能是奶嘴洞太小，建議可改用洞大一點的奶嘴。

二、如何使用奶瓶和奶嘴？

在使用奶瓶餵養寶寶時，爸爸、媽媽應當掌握基本步驟：

Step1：餵奶前把手洗乾淨，先把溫水倒入奶瓶，接著放入奶粉，蓋好奶粉罐，調勻奶粉，再倒入稍熱的水配好比例。調好奶粉後將奶瓶傾斜，滴幾滴奶液在手背上試試溫度，感覺不燙後再餵。

Tips：如果先打開蓋子放入奶粉，然後再準備水，會使奶瓶裡和奶粉罐裡的奶粉暴露在空氣中的時間延長，增加被空氣中水分、不潔物污染的機率。因此建議先把少量溫水倒進餵奶的容器內，然後打開奶粉罐，放入適量奶粉，蓋緊奶粉罐後再沖調。

Step2：選擇合適的姿勢。爸爸、媽媽先坐穩，用一隻手把寶寶抱在懷裡，身體靠在肘彎中，手臂托住寶寶的臀部，讓寶寶的整個身體呈約45度傾斜，另一隻手拿住奶瓶，用奶嘴輕觸寶寶嘴唇，逗引寶寶自己張嘴含住，開始吸吮。

Step3：在寶寶吃奶過程中注意保持奶瓶的傾斜角度與寶寶的吸吮角度相配合，讓奶液充滿整個奶嘴，避免寶寶吸入過多空氣。

Tips：如何避免以奶瓶喝奶造成咬合不正的問題？

咬合不正出現的原因，是爸爸、媽媽在用奶瓶餵奶時經常將奶瓶壓著嬰兒的下頜骨，或讓寶寶伸長下頜骨去搆奶瓶，久而久之會影響寶寶下頜骨的發育，造成咬合不正或上頜骨前突。因此爸爸、媽媽應當採用正確的餵奶姿勢，即讓奶瓶的方向盡可能與寶寶臉部成九十度角，不讓奶瓶壓著寶寶的下頜骨即可。

Step4：餵完奶以後，把寶寶豎直抱起，讓他靠在自己的肩膀，輕拍寶寶後背，讓他打嗝，排出胃裡的空氣，防止寶寶吐奶。

三、如何刷洗、消毒和收納奶瓶、奶嘴？

媽媽的抱怨：「餵完奶就想休息了，真想請爸爸幫幫忙，但他每次都說自己不會，希望專家幫忙教教懶惰的爸爸們吧！」

專家建議：在寶寶喝完奶後，立即按照下列步驟刷洗、消毒和收納奶瓶、奶嘴。

Step1：用清水先沖洗一遍，將奶瓶所有組件包括奶瓶、瓶蓋、奶嘴、套環全都拆開。

Step2：用奶瓶專用清潔劑和專門的毛刷將奶瓶的內部和瓶口刷乾淨，再用小毛刷

仔細刷洗奶瓶、奶嘴，其中奶嘴的螺紋、透氣孔都要仔細刷過，確保沒有奶垢堆積。

Tips：建議依照奶瓶的形狀選擇清潔奶瓶的毛刷，另可購買專門清潔奶瓶、奶嘴的小型毛刷。

Step3：將拆開的奶瓶消毒。主要的消毒方式包括傳統水煮消毒、蒸氣式消毒鍋和紫外線消毒鍋三種。每日消毒的次數依奶瓶準備數量、寶寶使用數量而定，一般為一至二次。

Step4：用乾淨的夾子將奶瓶夾起來，放在專門的收納盒裡。選用附有盒蓋的收納盒，隨時保持乾燥、清潔，避免灰塵沾染消毒後的奶瓶。此外，用來夾奶瓶的夾子也要定期消毒，不可用作其他用途。

四、多久更換一次奶瓶、奶嘴？

六個月左右更換一次奶瓶，矽膠奶嘴三十天更換一次，乳膠奶嘴二十一至三十天更換一次。

第四節　〇～一歲寶寶活動篇

一、高高興興去吃飯——快樂的餐前情緒

*寶寶的吃飯態度

快樂寶寶：「我最喜歡爸爸、媽媽餵我吃飯了，媽媽會一邊溫柔地看著我，摸摸我的臉，一邊餵我吃飯，爸爸會在吃飯前和我玩遊戲，然後陪我吃飯。」

生氣寶寶：「我不喜歡保母姐姐餵我吃飯，她經常很兇，而且不會像媽媽那樣抱著我。」

專家解析：讓寶寶期待吃飯，高高興興地吃飯，是爸爸、媽媽應當幫助寶寶養成的重要習慣，因為餐前情緒直接影響食慾和營養的吸收，而這一習慣的養成與從小爸爸、媽媽的餵養習慣密切相關。

影響寶寶餐前情緒的因素主要有兩種：

第一種，「父母缺席」。

爸爸、媽媽因為忙於事業或生活瑣事，不願陪伴寶寶吃飯，將這一重要責任交給長輩或家政服務人員。但因為長輩年事已高，或教育方式偏於傳統，難以為寶寶創造快樂的用餐氛圍，而保母缺乏對寶寶的感情，讓餵養過程變成一項任務，最終影響寶寶的餐前情緒。

第二種，「情寄他事」。

到了吃飯的時間，孩子正在睡覺或忙於玩玩具，其精神尚處於半睡半醒或緊張狀態，根本不想吃飯。這時，爸爸、媽媽千萬不可強迫寶寶醒來，或責罵寶寶，而應當仔細觀察寶寶傳達出來的資訊，如果你輕輕呼喚無法叫醒寶寶，那就讓他繼續睡吧，餓的時候他自然會醒來，如果寶寶一時不想放下玩具，爸爸、媽媽可以用色彩豐富的奶瓶吸引他，或者用溫柔的歌聲喚起他的注意，然後再餵養寶寶，切記不可一味採用強硬的手段，這時寶寶根本無法理解你的暴怒情緒，大聲斥責對他們毫無用處，而且可能破壞寶寶的愉快情緒，影響他的食慾。

二、邊吃邊玩可行嗎？

情境再現

飯廳裡，爸爸、媽媽和十一個月的雙胞胎家和、家睦正在吃飯。

媽媽：「今天叫你買的東西怎麼又忘了？你這個爸爸是怎麼當的？」

爸爸：「我也不想啊！但工作實在太忙了。妳不也經常忘東西嗎？」

媽媽：「我怎麼了?!我一個人照顧兩個孩子，還要上班，做家事，我很輕鬆嗎？」

……

在爸爸、媽媽的爭吵聲中，家和、家睦放下奶瓶，偷偷玩起玩具。

專家解析：

在這個充滿壓力的時代，媽媽成為很辛苦的職業，當然爸爸也不輕鬆，外部的壓力環境為教育帶來很多不利的影響因素。

像上面情景中的父母一樣，他們經常在無意間犯下很多錯誤：

1. 錯誤示範

想要寶寶養成良好的飲食習慣，爸爸、媽媽就要注意自己的言行舉止，如果自己經常拿著薯片、零食，或者吃飯時邊看電視邊吃，寶寶肯定也會逐漸學會這些不好的習慣，所謂「爸爸、媽媽是寶寶的第一任老師」，應該就是這個意思。

解決措施：想要寶寶身體健康，就要從改掉自己的不良飲食習慣作起。

2.讓吃飯變成任務

一些教育方式比較強硬的父母喜歡透過向寶寶施壓來達到自己的目的，比如在吃飯時不停催促，完全按照自己的時間表為寶寶安排吃飯時間，或者僅從營養的角度考慮，強迫寶寶吃下不喜歡的食物，慢慢地，寶寶就會將吃飯視為痛苦的事情，而爸爸、媽媽繼續施壓，讓吃飯的惡性循環繼續。

解決措施：適時接受寶寶傳遞的信號，讓吃飯的主動權掌握在寶寶手中。

3.採用賄賂的方式

為了讓寶寶吃下自己不喜歡但更有營養的食物，爸爸、媽媽可能用飯後的甜食哄寶寶吃飯，以為這樣能讓寶寶逐漸喜歡正餐，但實際上這種方法會加劇寶寶對忽視正餐和對甜食的偏愛。

解決措施：創造愉快但專注的用餐氛圍，引起寶寶對食物的興趣，可以介紹這些食物的重要性，用言語和眼神鼓勵，不用擔心一歲前的寶寶聽不懂你的話，首先父母的話語能夠刺激寶寶大腦的發育，其次父母的語言和表情能夠具有穩定寶寶情緒的作用。

4.允許邊吃邊玩

有些爸爸、媽媽會在寶寶正在玩玩具時，突然將盛滿牛奶的湯匙伸進寶寶的嘴裡，利用寶寶對玩具的專注增加他的食量。但實際上，這種方式百害而無一利，首先，寶寶專注於遊戲或玩具時，他們無法有效地吸收與消化食物；其次，爸爸、媽媽一直代替寶寶完成餵食，會讓寶寶將吃飯視作「為爸爸媽媽完成的任務」，與自己無關，阻礙將來形成自理能力。

解決措施：讓寶寶自己作主，當他想玩的時候就讓他玩吧！他餓了自然會向你要食物，到那時，就不須要爸爸、媽媽事必躬親了，放心地讓他自己吃飯吧！

第五節 〇～一歲寶寶飲食保健篇

一、腹瀉小寶寶的食療方案

寶寶腹瀉是很常見的幼兒疾病，讓很多媽媽非常煩惱，特別是到了春秋季節，很多寶寶都會腹瀉，有的甚至不只一次，下面情境中的三個媽媽正在經歷這一件煩心事。

情境再現

傍晚時分，天氣突然轉涼。A城市某個社

區中的三個媽媽抱著寶寶衝進醫院門診。

三個媽媽異口同聲地說：「醫生，快幫我看看，我家寶寶腹瀉了。」

醫生：「別急，妳們今天都給寶寶吃了什麼？帶他出去過沒有？周圍環境有沒有什麼變化？」

一號媽媽：「沒有，我一直堅持餵母乳，今天也沒吃什麼特別的。」

二號媽媽：「我家寶寶一直喝奶粉，今天剛剛幫他洗過澡。」

三號媽媽：「我家寶寶最近都喝牛奶。」

醫生：「妳們出門前有給寶寶喝一點鹽水嗎？有沒有任何護理的措施？」

三個媽媽再次異口同聲地說：「沒有。」

專家解析：

引起腹瀉的原因很多，可能是母親飲食的問題，也可能是肚子受涼或輕微感冒。這種腹瀉比較難治，雖在短時間內不會影響吃飯，但時間久了會造成寶寶的胃腸功能紊亂，導致免疫力低下，容易感冒，體重和生長都會受到影響。

上面三位媽媽一看到寶寶腹瀉就立刻往醫院跑，其實並非最好的處理方式，應該根據寶寶寶寶腹瀉的情況區別對待。

如果寶寶表現出口渴，嘴唇稍乾，尿比平時少且黃，伴有煩躁、愛哭的症狀，這時寶寶只是輕度脫水，媽媽可以在醫生的指導下在家中為寶寶治療腹瀉，這樣既省時又方便，可以避免寶寶在醫院中接觸更多細菌，染上其他疾病。而如果寶寶看起來口乾舌燥，眼窩出現凹陷，哭時眼淚少，煩躁不安的現象加重，且用手捏起大腿內側的皮膚後馬上鬆手，皮膚皺摺變平的時間超過兩秒時，寶寶的脫水情況已經較嚴重，或者如果在家治療三天後，病情並無好轉，並出現頻繁的大量水樣便、嘔吐、口渴加劇，不能正常進食、飲水，補充水分後尿仍很少，伴有發燒及便中帶血等症狀，則須趕快帶寶寶去醫院進行治療。

不論哪種程度的脫水情況，在家中時，媽媽都可以按照下面三個重點方面制訂腹瀉寶寶的食療方案：

重點1：及早補充水分

一般常用來補充水分的補液有三種：第一種，自製的糖鹽水補液，即在5,000毫升的溫開水中加入1.75克精食鹽（約半個啤酒瓶蓋）和10克白糖（2小匙）；第二種，自製的米湯加鹽補液，即在500毫升溫米湯中加入1.75克的精食鹽；第三種，醫生開出的ORS（口服補液鹽）補液，ORS補液鹽是已配好的乾粉，使用時按說明書提示的方法配成液體即可。

Tips：不要用奶、米湯、果汁等沖調ORS補液鹽，應嚴格按說明配製，否則會影響補液效果。

在最初四小時裡，按每公斤體重給予20～40毫升的標準為寶寶補充水分。然後可隨時補充，讓寶寶能喝多少就喝多少。兩歲以下的寶寶可每隔一至兩分鐘便餵上一小匙，大一點的寶寶可用小杯子喝。如果寶寶嘔吐，等十分鐘再慢慢地餵，而如果寶寶出現眼瞼浮腫的現象，表示補液有些過量，應暫時改喝白開水或母乳。

重點2：繼續進食

傳統的腹瀉治療方法建議讓患兒禁食一段時間，而現在主張讓腹瀉的寶寶繼續進食，以免因腹瀉造成營養不良，但要遵循少量多餐、由少到多、由稀到稠的原則，每日至少進食六次。母乳餵養的寶寶可繼續吃母乳，建議媽媽選擇含脂量較低的食物，同時縮短每次餵奶的時間間隔，讓孩子吃之前1／2～2／3的乳汁，因為乳汁的前半部分主要含蛋白質，而後半部分主要含脂肪，寶寶吃了不易消化，可以把這部分乳汁擠出來倒掉，以免加重寶寶的腹瀉。

人工餵養的寶寶根據不同年齡層有不同的餵養方式，六個月以內的寶寶可按平時的量喝奶；六個月以上已經添加離乳食品的寶寶，可補充一些容易消化的食物，比如魚肉末、少量蔬菜泥、稀粥、爛麵條、新鮮水果汁或香蕉泥等，直至腹瀉停止後兩週。

如果寶寶一直喝牛奶，這時建議選擇脫脂牛奶。

Tips：牛奶燒開冷卻，用筷子把表面的奶皮挑起扔掉，如此反覆三次，一般牛奶就成為脫脂牛奶。

重點3：食物止瀉

一些食物有治療寶寶腹瀉的功效，比如焦米湯和胡蘿蔔湯，下面介紹它們的製作方法：

焦米湯

食材：米粉、糖。

製作方法：把米粉在鍋中炒至顏色發黃，然後加適量的水和糖，繼續燒成糊，食用時加水加熱即可。焦米湯容易被人體消化，其中的炭化結構有較好吸附止瀉作用。

胡蘿蔔湯：將胡蘿蔔洗淨切成小塊，加水煮爛後用紗布濾掉渣滓，然後加水、加糖燒開即可，其中胡蘿蔔和水的比例是1：2。胡蘿蔔是鹼性食物，所含果膠能促進大便成形，並能吸附腸黏膜上的細菌和毒素，是一種良好的止瀉食物。

俗話說，食物是最好的藥，當寶寶生病時，除了按照醫生的要求服用藥物外，爸爸媽媽可以給寶寶食用一些能夠提高身體免疫力的食品，而平時注意補充各種維生素和礦物質等微量物質就顯得十分重要。

二、便祕寶寶的健康規劃

便祕寶寶越來越多，爸爸、媽媽感到非常困擾。到底是哪個環節出了問題？

專家解析：

判斷寶寶是否便祕有兩個標準，一個標準是大便的形態，如果大便乾硬且伴有排便困難的情形，可能就是便祕。另一個標準是大便的次數，如果一週內排便次數少於三次，也可能是便祕。但寶寶大便形態及次數與飲食有關，母乳餵養的寶寶大便次數較多且稀，人工餵養的寶寶大便次數

較少且形態偏硬，而同樣餵食配方奶粉的寶寶也會因配方奶粉廠牌的不同而各有差異，因此應根據寶寶平時的情況判斷某個階段是否出現排便異常，然後再根據上面兩個標準判斷是否便祕。

造成便祕的主要原因包括以下幾個方面：

1.不良的飲食習慣

主要指過度依賴母奶或配方奶粉和飲食過度精緻。要改變飲食習慣，適當增加膳食纖維的攝取。富含膳食纖維的食物包括穀類、蔬果類、堅果類及莢豆類等，建議兩歲以下的寶寶每天攝取5克膳食纖維，兩歲以上的寶寶每日攝取量為「年齡＋5」，比如五歲幼兒每天的攝取量是10克。

2.飲水量過少

適量水分的攝取是必要的，幼兒水分攝取建議量為每日1,000cc左右，水分的須求依體重的不同而有差異。高纖維的攝取，若未搭配足量水分的攝取，反而容易引起腹脹及便祕。水分的來源包括：飲料、湯品、牛奶、蔬菜及水果等，開水的攝取建議在餐與餐之間，另外早上起床用餐前及睡前喝水對排便都有幫助。

3.戶外運動過少

適當的戶外活動或運動可有效促進腸道蠕動，改善便祕情形。

提問時間：攝取益生菌是否對腸道健康有益？

專家解答：是的，益生菌幫助腸道維持活力，有利於改善便祕。

可以經常使用瀉藥解決寶寶的便祕問題嗎？

專家解答：不可以，長期使用瀉藥會造成寶寶腸道功能異常，如果寶寶的便祕問題比較嚴重，可以適量攝取加州梅和棗汁，這兩種食物都是天然瀉藥，具有刺激腸道蠕動改善便祕的功效，具體用量應遵照醫生囑咐。

三、鈣、鐵、鋅的食補方案

經常看電視的新媽媽都知道，現在電視上的保健廣告絕大部分是針對寶寶們，有補鈣、補鋅、補鐵、全補、專門提高免疫力、專門促進大腦發育，林林總總，不一而足。作為消費者，我們越來越理智，作為媽媽，也應該保持清醒，商家的目的是銷售商品，讓妳的「想要」變成「須要」，但寶寶沒有「想要」，只有「須要」，所以重要的是寶寶須要什麼？

1. 鈣

第一章中我們已經介紹了鈣的重要作用，相信爸爸、媽媽還很熟悉。總而言之，鈣非常重要，所以補鈣是寶寶成長發育過程中不可忽視的重要內容。

如果媽媽在孕期有腿抽筋、營養素攝取不完全的情況，或寶寶是人工餵養、出生後有營養不良的情況，在寶寶兩個月時就須要補鈣，可以不必急著補鈣，只須在正常飲食的同時給寶寶添加生理須要量的兒童魚肝油，讓孩子多曬太陽，幫助鈣的吸收即可。

下面就為缺鈣寶寶制訂專屬的食補方案：

食物	鈣含量
蝦皮	2000
芝麻醬	70
芝麻	946
蕨菜	851
奶酪	799
海帶	455
紫菜	422
淡水蝦	325
黑木耳	295
南瓜子	235
海蟹	208
黃豆	169
鵪鶉蛋	140

Step2：建立適合自己寶寶的補鈣食譜。

雖然上面很多食物都富含鈣質，但對哺乳期的寶寶來說，最佳的鈣質來源還是母乳，次之是配方奶粉，最後是鮮奶。為了讓鈣質獲得充分的吸收，建議同時補充維生素Ｄ，可以透過讓寶寶多曬太陽的方式，幫助寶寶產生內源性維生素Ｄ，或給嬰兒吃魚肝油（含維生素Ａ、Ｄ），增強寶寶呼吸道抵抗力的同時，促進人體對鈣的吸收與利用。提醒各位爸爸、媽媽注意，開始添加副食品後，爸爸、媽媽可以有意識的增加一些富含鈣質的食物。比如蛋黃、動物肝臟，可以餵四至五個月的寶貝一些熟蛋黃，餵十個月的寶寶一些豬肝粥或羊肝粥。

【DIY補鈣食譜】

牛奶蛋黃粥

食材：牛奶50克、白米10克、蛋黃1／4個、白糖少許。

製作方法：先將白米淘洗乾淨，加入適量水後煮至沸騰，然後改文火煮三十分鐘。將蛋黃研磨成粉狀，起鍋前在粥中加入牛奶、蛋黃和適量白糖，再煮三分鐘即可。

適用年齡：四個月開始添加副食品時。

雞肉麵片

食材：雞肉末50～100克，薄麵片適量，紫菜末、捲心菜末、蝦皮湯、香油適量。

製作方法：將雞肉末和蝦皮湯一起煮熟，煮開後放入麵片、捲心菜末和紫菜末，再次煮開後稍加一點香油即可起鍋。

適用年齡：十～十一個月。

魚菜米糊

食材：米粉、魚肉和青菜各15～25克、食鹽少許。

製作方法：將米粉用清水泡軟，攪為糊狀後放入鍋中，旺火煮沸後繼續煮八分鐘，這時將洗淨的青菜和魚肉剁成泥放入鍋中，繼續煮至魚肉熟透，加少許鹽調味即可。

適用年齡：四個月後。

如果是使用補鈣劑補鈣，應當將補鈣時間安排在兩次餵奶之間，因為母乳可能干擾鈣的吸收。也不可將鈣劑與植物性食物或油脂類食物一起食用，因為植物性食物中大多含有草酸鹽、磷酸鹽、碳酸鹽等鹽類，可與體內的鈣質結合，形成不易被吸收的物質，而油脂在體內分解後生成脂肪酸，同樣可與鈣結合而不易被腸道吸收。

此外使用補鈣劑補鈣還應採用「少量多次」的方式。因為當一次攝取鈣的總量不超過50毫克時，鈣的吸收率最高，因此應採取「少量多次」的補鈣方式，以保持最好的吸收效果。

隨著年齡的增長，爸爸、媽媽可以根據寶寶的須要設計不同的食譜。

2. 鐵

如果您的寶寶最近食慾減低，臉色發黃或蒼白，建議您帶寶寶到醫院檢查是否缺鐵，但並不是所有的缺鐵都表現出上述特徵，比如輕、中度貧血只有在驗血的時候才能發現血紅素低，因此建議爸爸媽媽定期為寶寶作身體檢查，清楚寶寶是否缺乏微量元素，然後再根據具體情況改變餵養方式。

缺鐵的原因很多，可能是副食品添加不即時，含鐵和蛋白質的食物攝取量不夠、膳食結構不合理、經常腹瀉、營養不良，以及媽媽缺乏必要的營養學知識等，特別是在冬季，食物種類較少，所以冬季更要注意幫孩子補鐵。

如果寶寶的確缺鐵，那麼可以按照下面的方式改變原有的餵養方式：

甲、及時添加副食品

四個月時，寶寶體內儲存的鐵已經所剩無幾，母乳無法提供足夠的鐵，因此建議透過添加副食品補充，四個月的寶寶可以吃蛋黃，五個月以上寶寶可以再吃一些魚泥、菜泥、米粉、豆腐、爛粥等含鐵豐富的副食品，注意一次只能添加一種副食品，確定寶寶沒有異常反應後再繼續添加下一種。

乙、選擇易於吸收的含鐵食物

食物中的鐵分為兩種，一種是吸收率高的血紅素鐵，存在於動物性食物中；另一種是吸收率較低的非血紅素鐵，存在於植物性食物中。為了提高補鐵的效率，建議爸爸媽媽選擇動物性副食品如瘦肉、肝臟、魚類等，這些食物中所含鐵的吸收率為10%～20%，米、麵等食物中鐵的吸收率只有1%～3%，但大豆是例外，它雖然是植物性食物，但鐵含量高，吸收率較高。因此如果寶寶不喜歡動物性食物，可讓寶寶吃些豆製品，如豆腐泥。

丙、與維生素C為伍

維生素C能促進鐵吸收，因此可在副食品食譜中添加新鮮菜泥等富含維生素C的食物，達到促進鐵的吸收作用。

丁、食補最佳

不要因為怕麻煩而選擇含鐵劑的藥物補鐵，否則可能引起副作用，如噁心、嘔吐、厭食等。因此如果寶寶貧血並不嚴重，只屬於輕度貧血，建議家長採用食補即可，中度以上的貧血在採用藥物治療的同時也要配合飲食治療，才能達到滿意的效果，重度貧血則應在醫生指導下進行。

3.鋅

鋅與人體的免疫力有密切關係，所以近年受到越來越多的關注。

研究證明，母乳餵養的寶寶在六個月以前基本不用補鋅，母乳中已含有足夠的鋅，而且吸收利用率高。而人工餵養的寶寶則須要盡早開始補鋅。對六個月以下人工餵養的寶寶應每日補充少量硫酸鋅，約5～10毫克（請遵守醫生囑咐）。此外，和補鈣、補鐵一樣，及時添加副食品是非常必要的，二至三個月的寶寶可以吃些菜湯或果汁，四至六個月的寶寶可以吃些爛粥、蛋黃，七至八個月的寶寶可以吃些肝泥、菜末、魚泥及碎肉等。

富含鋅的食物按其含鋅量依次為，動物性食物中最豐富，如肉、蛋、奶和海鮮，豆類、堅果類次之，穀類、蔬菜及水果最次。嬰兒配方奶粉也含有一定量的鋅，建議爸爸媽媽可適量使用，但要避免補鋅過量。

如果你還沒有生下寶寶，看到上面長篇的內容可能有點擔心：這麼多要補的東西，我怎麼記得住？

其實照顧寶寶本身就是一個漫長的過程，但媽媽是全天下最勇敢的人，妳的母性會讓妳瞬間變成超人，就像吃了菠菜的大力水手一樣。而且各種食譜和餵養方法都是相通的，並非一種食物只補充一種營養，各有所長而已，只要妳掌握幾種基本的食品，使用不同的搭配就能製作出很多種營養豐富的食物。相信妳自己，妳一定可以！

四、媽媽感冒了，沒人抱我

*寶寶的傷心事

「媽媽感冒了，突然不抱我了，每天喝奶瓶裡的奶，味道根本一點都不好，為什麼媽媽生病就不能餵我了呢？我的身體很好，不會被傳染的。我的第一個生日許願就希望媽媽永遠不要生病吧！」

專家解析：

一般情況下，媽媽感冒了仍可照常餵奶，因為感冒病毒不會透過哺乳途徑傳播，而是透過呼吸道空氣飛沫傳播，因此哺乳本身不會將感冒傳染給寶寶。此外，母乳是嬰兒最理想的食物，

突然更換食物寶寶難以接受，對寶寶生長發育不利，也會因減少母子互動機會而造成寶寶心理上的不良影響。因此除非感冒伴有高燒，須暫停母乳餵養一至二日之外，其他一般感冒不會影響正常的母乳餵養。建議媽媽繼續餵養母乳的同時採取以下措施避免將感冒傳染給寶寶：帶上雙層口罩；在感冒治療期間盡量避免服用藥物，特別是成分會進入乳汁的藥物。

Tips：停止餵養期間，記得要經常用吸奶器把乳房吸空或用手將乳汁擠出，避免影響日後奶水的正常分泌。

五、胖寶寶減肥記（上）

還在媽媽肚子裡的時候，胖寶寶墩墩已經意識到自己的肥胖問題，他每天睡醒就捏著自己身上的肉肉，感受肥胖給自己帶來的擁擠感，默默等待離開媽媽肚子的那一天。終於等到那一天，他卻沒有按照自己原本計畫的方式滑出產道，只覺得頭頂處一縷光線，然後便被一雙大手提了出去。驚魂未定之時，他聽到一個護士說：「呵，這個男孩好胖啊！」當時墩墩還無法睜開眼睛，所以不能用自己的眼睛證實她們的話。等他終於準備好，計畫用絕食的方式向媽媽提出建議時，他被一群陌生人團團圍住，每個人都笑瞇瞇地說著：「哇，這孩子長得真好，剛出生就和別人一個月時一樣大了。」、「這孩子有福氣啊！」、「你看他的小臉鼓鼓的，多可愛。」墩墩在這群人的言語攻勢下，似乎感到自己的肥胖並不是壞事，於是他欣然接受了媽媽提供的所有食物。

從此以後，他老是引起別人的驚訝反應，因為他總是比別人早進入下一個階段，也就是說他的體重超過別人很多，有時甚至不只一倍。比如他剛出生時的體重是五公斤，一般人都是三公斤左右。一個半月後，他的體重便增加到出生時的兩倍，而一般人直到三個月時才能達到出生時兩倍的體重。六個月以後他的體重平均每月增長500克，一般人只有250～300克，總之他九個月時的體重已經達到非常「違背科學」的標準。

Tips：標準體重的估算公式：

一～六個月嬰兒體重（公斤）＝出生體重＋寶貝月齡×0.6，

七～十二個月嬰兒體重（公斤）＝出生體重＋3.6＋（寶貝月齡－6）×0.25

一天，墩墩媽媽很生氣的回到家，對墩墩爸爸說：「我們家的孩子要減肥了，你看他的各項生理指標都有問題，醫生認為我們的餵養方式存在很大問題，我們不得不改變。真是的，早知道這樣當初就不該餵他吃那麼多。」正在一旁獨自享受美食的墩墩轉過頭看著氣憤的爸爸、媽媽，然後看看自己手中的奶瓶，目光不禁溫柔起來，因為他知道他就要離開這個可愛的小東西了。

從那一天開始，墩墩正式踏上減肥之路。

鑑於墩墩已經九個多月，墩墩媽媽採納了醫生專門為七～十二個月寶寶制訂的減肥原則：

1.「紅色」午餐和「綠色」晚餐

午餐時應適當食用一些肉類，但必須是瘦肉，比如雞胸、豬里肌肉、魚、蝦等高蛋白低脂肪的肉類，因為偏瘦，所以呈現紅色，即「紅色」午餐。而晚餐的菜單表中則最好以易於消化的木耳、嫩香菇、洋蔥、香菜、綠葉菜、瓜茄類菜、豆腐等為主，因為蔬菜較多，所以呈現綠色，即「綠色」晚餐。

2.喝「湯」不喝「油」

墩墩媽媽不再經常用雞湯、骨頭湯、肉湯等為墩墩熬粥、燉菜，因為其中的脂肪含量很高，一方面造成墩墩的胖身材，一方面阻礙鈣質吸收，影響消化能力。改為原汁原味的粥、麵、菜、肉，等墩墩瘦下來之後可能一週讓他喝上一、兩次，但一定要將上面的浮油去掉。

3.減少澱粉類食物的比例

墩墩媽媽將豆、紅薯、山藥、芋頭、藕等食物在菜單中的比例削減一半，然後用綠葉菜代替。

4.將水果也視作甜食

醫生建議如果寶寶吃飯情況良好，不必在正餐之外吃很多水果，每天半個蘋果量的水果皆可，如果是葡萄、荔枝等高甜度的水果，則不要多吃，水果中的糖分也是脂肪來源之一。此外，果汁特別是市售瓶裝果汁的熱量，更高於新鮮水果，因此墩墩媽媽不再給墩墩食用。

5. 少油少糖

油、糖是胖寶寶的大忌，墩墩媽媽一向喜歡在副食品中添加油、糖，這時也開始改變這種習慣，取而代之用烤饅頭片、無糖麵包片代替含油、糖量較高的磨牙棒和小餅乾。

6. 添加雜糧

墩墩媽媽依照醫生的建議，將很多雜糧，如雜豆、燕麥、蓧麥、薏米等作成粥、飯給墩墩吃，雖然每次的量比過去少，但墩墩不會感覺餓。這是因為雜糧遠比白米、麵更能增加飽足感，加速新陳代謝。

7. 適當運動

墩墩最喜歡抱著牛奶瓶在床上躺著、坐著，讓他動一動比登天都難。不過墩墩媽媽有訣竅，那就是拿著他的奶瓶逗他，每次他都像個小蟲一樣盯著奶瓶向前爬，大功告成！

Tips：六個月的寶寶已經能夠作些簡單的四肢運動，比如伸伸手臂、伸伸腿、撐起上身等，這些都能幫助寶寶消耗多餘熱量，同時促進新陳代謝。八個月的寶寶開始學會爬，爸爸、媽媽可以用玩具逗引他前後爬動，既能減肥，又能訓練四肢的協調性，增強體質一舉兩得，何樂而不為呢？

健康鏈結

上面介紹的主要是針對七至十二個月寶寶的減肥方案，如果您的寶寶尚未滿六個月，那麼不妨嘗試下面的方法：

1.定時按須餵奶

不論是用配方奶粉還是用母乳餵養的寶寶，都應當固定餵養時間，最好每四小時餵一次，並以寶貝自己喝飽的奶量為準。每個寶寶的生長發育狀況不同，須要的奶量也不同，既不可以其他同年齡寶寶的奶量為標準，也不可刻意按照奶粉包裝上建議的量來「強制性達到標準」。小心過度餵養讓寶寶變成胖寶寶。

2.堅持只喝白開水

白開水是寶寶最好的飲料，用甜水或果汁代替白開水容易讓寶寶攝取過多熱量，使體重增加過快。此外，堅持在兩次餵奶之間給寶寶餵水，避免因將「渴」的信號當成「餓」而餵太多食物。

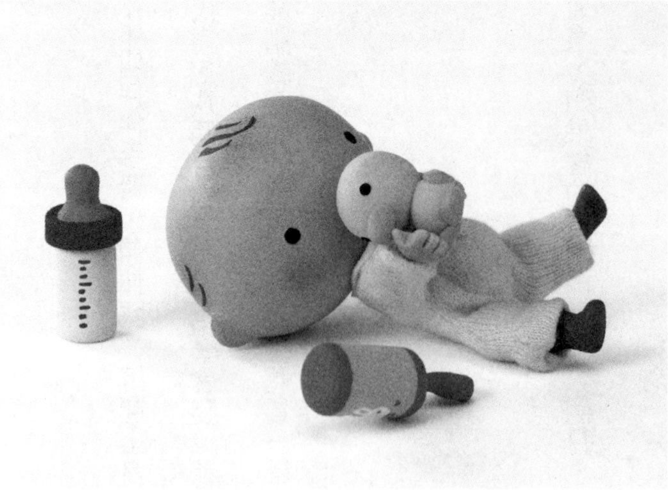

【DIY補鈣食譜】

媽媽自己製作副食品能夠根據寶寶的須要控制各種食物的比例，並且控制油、糖的攝取量，這樣有助於胖寶寶獲得豐富營養的同時，避免攝取過多熱量。

由於墩墩的體重實在太誇張，所以直到一歲時，他的肥胖問題都沒有解決，他的減肥故事也在繼續，那麼到底墩墩是否減肥成功了呢？

欲知詳情，請看後文分解。

CH 3

我的食物哲學
——為了吃而吃？

寶寶的生活領域突然擴大，媽媽的懷抱已裝不下他們的世界，他們不再單純為了吃而吃，吃只是他們探索廣闊天地的一個方法，為了邁出第一步，他們須要戰勝自己：斷奶。

第一節 一～二歲寶寶特徵篇

一、為寶寶斷奶，妳準備好了嗎？

＊寶寶斷奶之痛苦VS快樂

痛苦寶寶：「今天突然看不到媽媽了，不知道她躲到哪裡，她不要我了嗎？我好難過。我們寶寶的生活也有諸多危機啊！」

快樂寶寶：「媽媽，謝謝妳給我一片美食的天空，讓我看到很多色、香、味不同的雲彩。」

專家解析：媽媽餵寶寶斷奶謹防斷奶綜合症。

所謂斷奶綜合症是指因採用粗暴的斷奶方式，導致幼兒出現的一系列身心不良反應。傳統的斷奶方式往往是當機立斷，到了某個時間突然中止哺乳，或者讓媽媽與寶寶隔離幾天等比較粗暴的方式。這時，寶寶的身心一時無法適應，特別是身體無法獲得足夠的蛋白質，時間一長，寶寶就會因蛋白質等營養素的缺乏導致生長停滯，表情淡漠，頭髮顏色發生變化，由黑色變成棕色，再由棕色變成紅色，興奮性增強，容易哭鬧，但哭鬧的聲音不響亮，細弱無力，還伴有腹痛、腹脹、腹瀉、噁心、嘔吐、發燒、出汗多、皮膚浮腫、肝臟腫大等症狀。

上述這些生理症狀中有一小部分是由斷奶直接造成的營養不良表現，但大部分是心理症狀的外部表現。如同上面那個痛苦寶寶一樣，寶寶不能接受媽媽突然停止哺乳的行為，產生嚴重的不安，進而身體抵抗力下降。

爸爸、媽媽希望早日讓寶寶獨立的願望沒錯，但必須採用正確的方式、方法，否則引起斷奶綜合症就得不償失了。

Tips：斷奶＝斷「奶」？斷奶並不等於不再食用任何乳製品，而只是將母乳從寶寶的食譜中去掉。一至二歲的寶寶每天應保持攝取300～500毫升的奶粉或鮮奶。

1. 溫柔地斷奶

母乳是寶寶的最佳食品，但隨著寶寶的生長發育，四至六個月時母乳中的營養已經不能完全滿足寶寶的須要了，此時適當添加副食品非常必要。添加副食品的初期，即寶寶四至六個月時，副食品提供的熱量約佔全部食物提供熱量的10％左右，等到寶寶八至九個月的時

候，副食品提供的熱量將佔全部食物熱量的一半，到了一歲，副食品提供的熱量則已達到全部食物熱量的60％以上，此時寶寶已具備斷奶的合適條件。

2.最佳的斷奶年齡

經過上面逐漸添加副食品的過程，一週歲的寶寶已經能夠適應母乳以外的食物，並能從這些食物中獲得足夠的營養。

3.最佳斷奶季節

斷奶的最佳季節是春、秋兩季，這時的天氣比較舒適，寶寶能夠在最佳的環境中度過斷奶時期。如果選擇在夏季，氣溫比較高，寶寶的食慾和消化能力較差，對副食品營養的吸收也比較差，難以獲得足夠的營養，而且斷奶後的寶寶無法從母乳中獲得抗體，使得身體免疫力下降，容易患上中暑、脫水、腹瀉、感冒、發燒等疾病，同樣的，如果選擇在冬季，氣溫比較低，寶寶因為斷奶晚上睡眠不安，也容易生病，因此建議在春、秋兩季為寶寶斷奶。

一般情況下，寶寶應在一週歲開始斷奶，在一歲三個月前完全斷奶，為了將寶寶斷奶的時間定在春、秋季，媽媽可將斷奶時間適當延後或提前，如果寶寶當時的身體狀況不佳，也可將斷奶時間適當延後，媽媽不可為了趕時間而忽視寶寶的身體狀況，寶寶的健康最重要。

二、斷奶前的準備工作

第一項準備工作：從四個月開始添加副食品，在斷奶前兩個月逐漸減少每天的母乳量。

媽媽可以每天以副食品代替一頓奶。建議第一次減掉中午那餐，因為白天吸引寶寶注意的事情很多，相對晚上和早晨比較不容易斷奶。因為早晨和晚上寶寶對媽媽特別依賴，希望透過吃母乳獲得安全感，特別是晚上，所以晚上和夜間的母乳一般是最後斷掉。

斷奶一週後，如果寶寶沒有異常反應，媽媽也沒有感到乳房特別脹痛，就可再減掉一頓奶，同時進一步加大副食品食品量。

第二項準備工作：斷奶前為寶寶作身體檢查。

在第一次斷奶前，爸爸、媽媽就應當將寶寶帶到醫生那裡，作一次全面的身體檢查，確保寶寶身體狀況良好後，才能開始斷奶。如果恰逢特別時期，比如媽媽加班、換保母、搬家等情況，建議先不要斷奶，以免加大斷奶難度。

第三項準備工作：培訓爸爸。

在斷奶前請爸爸加入照料寶寶的隊伍中來，增加爸爸與寶寶相處的時間，學習如何照料寶寶，讓寶寶逐漸適應媽媽不在身邊。爸爸可以陪寶寶玩玩具、餵副食品，開始時為了降低難度，可以將母乳擠在奶瓶中，由爸爸餵給寶寶。

三、斷奶ing

在斷掉中午和早晨兩頓母乳後，晚上和夜裡的母乳成為斷奶戰役的最後一個進攻目標，黎明前的黑暗最漫長，但勝利在望，爸爸、媽媽們加油!!

母乳是媽媽和寶寶之間最直接的聯繫，這種聯繫不僅是物質上的聯繫，更是一種精神上的聯繫。寶寶透過喝母乳感受媽媽的愛，獲得充分的信賴感和安全感，因此斷奶不可採取太粗暴的方式，如母子隔離、強制餵食或在媽媽乳頭上塗抹苦味、辣味的食物，讓寶寶厭惡媽媽的乳頭，這樣會造成寶寶的感情重創，情緒變得非常不穩定，大哭大鬧，不願進食，最後引起上面介紹的斷奶綜合

症。所以建議媽媽在斷奶時將寶寶對母乳的依賴轉移至其他方面，比如親吻、擁抱等親密行為，讓寶寶從這些行為上獲得安全感，進而避免因斷奶造成情緒上的過大波動。

分享空間

千千媽媽：「替千千斷奶的時候，最難斷的也是晚上那頓，小千千每次都用央求的眼光看著我，讓我難以拒絕，所以一直沒有成功斷奶。後來在偶然間我發現，其實寶寶也會察言觀色，半夜的時候，千千醒過來想要吃奶，如果她看到我醒著，就會百般央求，用盡各種方法，不達目的不甘休，而如果她發現我沒有醒，或者沒有關注她，她就會自己玩一會兒，然後乖乖睡覺。所以後來每次我都假裝睡著，瞇著眼睛觀察她，如果她沒有不適的反應，就任由她自己玩，過一會她一定又會睡。如果她一直哭鬧，我就抱抱她、親親她，讓她知道媽媽在身邊，這時，如果她情緒穩定了，就哄哄她睡覺，如果沒有改善，很可能是餓了，這時給她喝點奶粉，基本上就沒什麼問題。這樣經過五天，我家寶寶終於成功斷奶。」

在斷奶期間，寶寶會更加依賴媽媽，希望獲得媽媽給予的安全感，因此建議媽媽多花一點時間陪伴他們，安撫他們的情緒。

四、斷奶後為媽媽設計的餐點

媽媽感言：在斷奶的過程中，寶寶經歷著成長的痛苦，媽媽則經歷著分別帶來的感傷，想著寶寶以後都不再喝媽媽的奶，心中有點不是滋味，不過媽媽知道這是為了寶寶好，應該堅持下去。只是偶爾身體上的不適實在難以忍受，所以想請求專家幫助。

專家解析：

寶寶斷奶期間，媽媽體內的荷爾蒙隨之發生變化，加上受到寶寶不良情緒的影響，可能會出現一些消極情緒，如易怒、沮喪等，同時伴有乳房漲痛、滴奶等生理上的煩惱。針對心理上的煩惱，專家建議媽媽放鬆心情，在出現問題時多與家人溝通，尋求幫助，若情緒極端惡化，最好看看心理醫生。針對生理上的煩惱，專家建議媽媽熱敷並將奶水擠出，以防引起乳腺炎，同時食用適量的食品，採用適當的方式，詳細內容如下：

1.在飲食方面適當控制促進分泌乳汁的食品，如湯類；不再讓寶寶吸吮乳頭或擠奶水。

2.生麥芽或炒麥芽90克，水煎服，兩天一劑，連服三天。

3.每次在乳汁尚未分泌之前，用皮硝250克，分成兩包用紗布包好，敷在乳房處，再行包紮。二十四小時更換一次，連用三天。

4.斷奶後前兩天每日分三次服用維生素B_6 200毫克，兩天後改為一日分三次服用100毫克，共服三天。

上述四種方法中，第一種是必要採納的措施，其他三種可酌情選用或配合使用，專家首推第二種方法，即食用麥芽。

麥芽，性甘，平，歸脾、胃經。功能行氣消食，健脾開胃，退乳消漲。用於食積不消、脘腹脹痛、脾虛食少、乳汁鬱積、乳房脹痛、婦女斷乳。生麥芽功在健脾和胃，疏肝行氣，用於脾虛食少，乳汁鬱積；炒麥芽長於行氣消食退乳，多用於婦女斷乳；焦麥芽偏於消食化滯，用於食積不消，脘腹脹痛。用於退乳時，一般體壯、乳多者可單用生麥芽60～120克，體弱、乳少者用量須稍少些，或選用炒麥芽，每日一劑，以水煎服，一日二次。

互動空間

斷奶故事

寶寶：麥兜（十四個月又十三天）

媽媽：麥兜媽媽——描述人

麥兜已經十四個月又十三天了，之前要不因為生病，要不因為天氣不好，要不因為過年，總之很多狀況讓寶寶斷奶大事一拖再拖，這次我決定無論如何都要給麥兜斷奶，恰好最近氣溫適中，麥兜的身體狀況不錯，而且每天只吃晚上一頓奶，現在不斷，更待何時？

斷奶第一天　4月24日　晴　18～25℃

晚上九點正式準備入睡，今天白天家裡來了很多人，寶寶沒有怎麼睡，所以九點就想睡覺了，平時要到十點才能睡，睡前喝了150毫升配方奶粉。凌晨三點半醒來，轉身扯我的衣服，小腦袋一個勁兒往裡鑽，我用被子擋住他，他看喝不到奶，轉頭對著爸爸大哭，似乎在找援兵一樣，爸爸本來就是個急性子的人，雖然睡前告訴他半夜可能會比較吵鬧，但他還是有點煩，於是催我趕快餵奶，「老婆，我好睏，妳趕快餵他喝兩口吧！」「每次都因為你這麼說，我本來就不忍心，你又幫不上忙，這次絕對不行。」麥兜看著爸爸、媽媽鬥嘴，反倒不哭了，不過還是一直往我這邊蹭，想找奶吃，我放了點輕音樂，再沖了50毫升的配方奶粉，用湯匙慢慢給麥兜喝下去，他的情緒穩定一點，終於睡著了，前後足足折騰了一個小時。

自我評價：表現不錯，明天繼續努力！

斷奶第二天　4月25日 多雲 微風 20～26℃

今天白天好好地教育了寶寶的爸爸一番，結果他承諾晚上一定好好表現，主動泡奶粉、放音樂，但寶寶這次卻沒那麼乖了。3：35開始閉著眼哼哼，照常伸手抓我的衣服，但抓了一會還是沒有奶吃，隨即閉著眼大哭，也不讓我抱，放下後在床上滾來滾去，不慎撞到床頭一次，更加大哭，聲音震耳欲聾，爸爸果然表現很好，但這次泡奶粉、放音樂都對寶寶沒用，最終採用了我的第二套方案：將母乳擠在奶瓶中餵下，終於讓麥兜安靜下來。一看手機，兩個小時過去，哎，好累啊！

自我評價：革命尚未成功，同志仍須努力！

斷奶第三天　4月26日 小雨 19～25℃

下了點小雨，空氣聞起來很香，小小的降了點溫，我最喜歡在這樣的天氣睡覺了，麥兜似乎遺傳了我的這個喜好，睡得出奇地香，半夜也沒有醒來，一覺睡到早上六點半。

自我評價：成功！

後來的兩天也都基本沒有吵鬧，半夜醒來，稍稍餵點配方奶粉，每次都只有50毫升左右，然後一覺睡到天亮。

終於在麥兜十四個月又十九天的時候，斷奶成功！

一段新的旅程即將開始……

第二節 一～二歲寶寶食物篇

一、我要健康吃零食

*關於零食的是是非非

樂樂媽媽：「我家樂樂斷奶的時候，為了安撫他的情緒，我經常給他糖果吃，現在斷奶了，他還是很喜歡吃糖果，結果牙齒很不好，怎麼辦啊？」

月月媽媽：「月月很討厭吃紅蘿蔔，每次餵她，她都將小腦袋轉向一邊，怎麼作才能

讓她喜歡上吃紅蘿蔔呢？」

唐唐爸爸：「乳製品、乾果等食品雖然也是零食，但含有豐富的營養，我認為可以適量食用，不能因為有些零食對身體不好就因噎廢食。」

專家解析：

所謂零食，就是非正餐時間少量食用的各種食品，除水以外，主要可以分為九類：稻穀類、糖果類、堅果類、薯類、肉蛋類、豆及豆製品類、飲料類、蔬菜水果類、奶及乳製品類。基本囊括了正餐涉及的所有食材，從這一點上來說，零食與正餐並不衝突，如果食用得當，零食不僅能給孩子補充三餐中攝取不足的營養，避免正餐吃得過飽，還能給生活增添很多樂趣。但如果食用不當，零食會導致孩子體重增加、營養不良、胃口受損，最終影響孩子正常的發育成長。

因此，專家建議家長對零食秉持理智的態度，在不同的情境下對不同的零食採用不同的處理方式，下面詳細介紹各種零食的食用竅門：

1. 穀類零食

可經常食用——低脂、低鹽、低糖的燕麥片、全麥麵包、煮玉米、全麥餅乾、粥等。

適當食用——月餅、蛋糕、點心。

限制食用——膨化食品、奶油餅乾、速食麵、奶油蛋糕、巧克力派。

2. 糖果類

適當食用——黑巧克力、牛奶巧克力等添加糖和脂肪較少的糖果，含有相對豐富的營養素。

限制食用——棉花糖、牛奶糖、糖豆、軟糖、水果糖、話梅糖等。

3. 堅果類

可經常食用——核桃仁、瓜子、大杏仁、松子、榛果、花生等富含維生素和礦物質，其中含有的卵磷脂對寶寶有補腦、健腦的作用。

適當食用——糖炒栗子、花生糖、蜜糖腰果等在製作過程中添加糖、鹽和脂肪的食品。

4. 薯類

可經常食用——蒸、煮、烤的馬鈴薯、紅薯等，營養豐富，建議加工溫度不超過100℃，否則會產生有害物質。

適當食用——添加鹽、糖和脂肪的馬鈴薯泥、地瓜乾、紅薯餅等。

限制食用——炸薯片和薯條，油炸的加工方式使其含有大量脂肪、鹽、糖和味精，長期食用會導致肥胖症、高血壓等疾病。

5. 肉蛋類

可經常食用——煮蛋、蒸蛋。

適當食用——牛肉乾、皮蛋、火腿腸、肉脯、肉腸、滷蛋、魚片、魚乾等燻製、滷製的食品，含有大量脂肪、鹽、糖和味精等調味品，並在製作過程中流失大量營養成分，而且可能含有防腐劑和增色劑，過量或長期食用會對身體造成傷害。

限制食用——炸雞塊、炸雞翅、炸豬排等油炸的肉蛋類食品中含有大量鹽、糖和脂肪，並且缺乏人體所須的營養成分，不建議給寶寶食用。

6.豆及豆製品類

可經常食用——不加糖的豆漿、烤黃豆等，不僅營養豐富，而且易於消化。

適當食用——各種滷製、炸、烤的豆製品，如滷豆乾、蠶豆、炸豆腐等。

7.飲料類

可經常食用——不加糖、鹽的鮮榨橙汁、西瓜汁等果汁和芹菜汁、胡蘿蔔汁等菜汁，不建議食用含糖分比較高的葡萄汁。

適當食用——含糖分少、以鮮奶和水果為主的鮮奶冰淇淋、水果冰淇淋以及果汁含量超過30％的蔬果飲料，如山楂飲料、杏仁露、椰汁等。

限制食用——含糖量過高、顏色太鮮豔的冰淇淋和碳酸飲料。

Tips：攝取過多冷飲容易引起幼兒腸胃疾病，不利於保護牙齒。

8.蔬菜水果類

可經常食用——西瓜、柑橘、番茄、黃瓜、香蕉、蘋果等糖分含量低的水果，不建議給寶寶食用進口水果，如奇異果，以免寶寶腸胃難以適應。

適當使用——含糖、鹽的果乾。

限制食用——水果罐頭、蜜餞等深加工的水果製品，不僅含糖、鹽、甜味劑、防腐劑和色素等不利於身體健康的食品，而且在加工過程中流失大量營養成分。

9.奶及乳製品類

可經常食用——純鮮奶、優酪乳、奶粉富含蛋白質、鈣、鐵、鋅等必須的營養素。

適當食用——乳酪、奶片等乳製品。

限制食用——煉乳，含糖量過高。

總之，爸爸、媽媽應對製作過程中涉及過多油、糖、鹽、味精和防腐劑的零食避而遠之，盡量讓寶寶少接觸，特別是寶寶養成飲食習慣的階段。

針對上面三個爸爸、媽媽，專家建議第一位媽媽為寶寶建立健康的飲食習慣，可為寶寶提供適量含糖較低的糖果作為替代品，並用遊戲、玩具等方法轉移寶寶的注意力。第二位媽媽可參考下面提供的DIY零食內容，為寶寶製作可口的胡蘿蔔餐，讓寶寶喜歡上吃胡蘿蔔。第三位爸爸的話很正確，只要根據上面提供的零食分類為寶寶選擇合適的零食，同時堅持以下的原則，相信你的寶寶肯定能健康的成長。

*吃零食的健康原則

即便給寶寶提供的是「可經常食用」和「適當食用」的零食，爸爸、媽媽也應當掌握一定的原則：

1.新鮮天然是最好的。

所有食物所含營養成分的含量都與其新鮮程度成正比，因此建議爸爸、媽媽盡量DIY，盡量購買新鮮的。

2.以不影響正餐為前提。

零食只是正餐的補充，因此不可在正餐前後很短的時間內吃零食，每天食用零食的次數控制在三次內，總量不可過多，以免影響正餐的食量。

3.不可將零食作為獎勵。

有的爸爸、媽媽在面對寶寶的問題行為時，以零食作為獎勵，也許一時達到自己的目的，但以一種錯誤的行為作為另一個錯誤行為的獎勵，最終的結果肯定不是爸爸、媽媽所期望。

4.禁食宵夜。

夜間和睡前食用零食，不利於消化，並且影響寶寶的正常作息習慣，帶來齲齒問題。

5.不可邊看電視邊吃零食。

外國有研究證明，長期邊看電視邊吃零食的兒童患上肥胖症的機率遠高於沒有這種行

為的兒童，因為人在看電視時注意力高度集中，無法意識到自己吃了多少東西，經常是越吃越多。建議家長在寶寶看電視時不提供零食或只提供小包裝的零食，避免吃得過多。

6.適當選擇強化營養的食品。

有些食品在包裝袋上標明添加了哪些營養素，比如高鈣餅乾，建議爸爸、媽媽只為缺乏某種營養素的寶寶購買強化相對營養素的零食，否則攝取某種營養素過多也不利於身體健康。

二、媽媽愛心零食DIY

媽媽親手製作零食，讓正在經歷或者剛剛經歷了斷奶之苦的寶寶感受到媽媽的愛。

1.可愛點心系列

草莓聖代

食材：一份球狀霜淇淋（低糖或木糖醇）、鮮草莓十個、草莓葉若干片。

製作方法：將草莓洗淨，切開成半，均勻放在盤中呈塔狀（也可平鋪）。然後將霜淇淋放在草莓上，放入微波爐加熱半分鐘。取出後，點綴幾片草莓葉即可。

Tips：草莓聖代屬於生冷食物，不宜直接提供給寶寶食用，加熱後再食用，草莓的香味溢出，不影響口感，且更加美味。

雞蛋馬鈴薯餅

食材：馬鈴薯兩個，雞蛋一個，甜豆一罐，小臘腸三根，沙拉油、番茄醬和糖適量。

製作方法：

Step1：將洗淨的馬鈴薯在清水中蒸熟，去皮，搗成泥。打入雞蛋攪拌成糊狀，加適量糖。

Step2：在鍋中倒少許沙拉油，將上一步製作好的馬鈴薯糊煎成三片薄餅備用。

Step3：將小臘腸放在微波爐中加熱，夾在馬鈴薯餅中間。

Step4：打開罐頭，將甜豆倒入鍋中加熱，同時加入適量番茄醬和糖，倒入夾餅中間即可。

Tips：可根據寶寶胃口加入適量洋蔥，味道更好，營養更豐富。

奇異果泥

食材：新鮮奇異果一個。

製作方法：洗淨奇異果，將外皮和裡面的籽去掉，將果肉壓成泥即可。可在奇異果中添加優酪乳，味道更佳。

功效：奇異果的維生素C含量是柑橘的五至十倍，同時富含維生素B、P及鈣、鐵、磷、鉀等礦物質，對某些疾病有預防作用。

水蜜桃布丁

食材：水蜜桃兩片、雞蛋四個、鮮奶300克、砂糖60克。

製作方法：

Step1：用湯匙將水蜜桃壓碎，用過濾網過濾一次備用。

Step2：將雞蛋打散，加入鮮奶與細砂糖用文火加熱，煮至細砂糖溶解即可熄火，然後過濾兩次備用，製成布丁液備用。

Step3：將過濾好的水蜜桃與布丁液攪勻，倒入模型中，烤盤加水隔水蒸烤，放入烤箱，以上火150℃、下火170℃，烤約四十分鐘。

Step4：待烤好的布丁冷卻後，表面裝飾幾片水蜜桃並撒上適量糖粉即可。

Tips：水蜜桃含有多種營養成分，每百克可食部分中含有蛋白質0.8克，脂肪0.1克，碳水化合物7克，粗纖維4.1克，鈣8毫克。剛烤好的水蜜桃布丁香氣撲鼻，寶寶肯定喜歡。

另外，上述烤布丁用的模具和小篩子在一般的廚房用品商店都能夠找到。

燕麥牛奶布丁

食材：燕麥片60克、鮮奶500克、雞蛋4個、細砂糖100克、葡萄乾適量。

製作方法：

Step1：將一半鮮奶煮沸，加入燕麥片中拌勻備用。

Step2：將剩餘的鮮奶加熱至40℃左右（微微冒熱氣），放入雞蛋和細砂糖攪拌均勻，然後過篩兩次，加入上一步中泡好的燕麥片攪拌均勻。

Step3：將製成的布丁液倒入杯中，蓋上一層保鮮膜，放入鍋中蒸十二分鐘。

Step4：取出後放上適量葡萄乾即可。

豆奶玉米布丁

食材：豆漿300克、蛋黃兩個、整個雞蛋兩個、細砂糖50克、玉米醬（罐頭100克）。

製作方法：

Step1：將蛋黃和整個雞蛋打散備用。

Step2：豆漿加熱至40℃，加入蛋液和細砂糖，用筷子或打蛋器順同方向攪拌均勻，然後用篩子過濾兩次，加入玉米醬攪拌均勻，製成布丁液備用。

Step3：將布丁液倒入杯中，蓋上一層保鮮膜，放入鍋中蒸十二分鐘即可。

當寶寶大一些能夠掌握手部的精細動作後，媽媽可以讓寶寶加入製作零食的活動中，這本身是很好的遊戲。媽媽還可以運用上面提供的基本方法與寶寶一起發揮想像力，用不同的食材創造出不同的點心。

2.營養奶品系列

優酪乳

食材：牛奶、食用乳酸或橘汁。

製作方法：將牛奶煮沸後冷卻，按照每100毫升鮮奶加7～8滴（0.5毫升）乳酸的比例，把濃度為40％的食用乳酸緩慢滴入牛奶中，每滴一滴攪拌一次，確保均勻混合。如果沒有食用乳酸，可用橘汁或者番茄汁代替，每100毫升鮮奶加6毫升橘汁。加酸後不能將牛奶煮沸，以免流失營養成分，可放在冰箱中冷藏，二十四小時內吃完。

功效：對腹瀉、消化不良有輔助療效。

蛋黃奶

食材：蛋黃、牛奶。

製作方法：將雞蛋帶殼水煮（冷水放入雞蛋以免蛋液流出），熟後取出蛋黃，按照須要量用湯匙壓成糊狀，加入熟牛奶中，即成蛋黃奶。

功效：有效補充營養。

雙皮奶

食材：純牛奶200毫升、蛋清、蜂蜜。

製作方法：將牛奶煮沸後倒入小碗冷卻，待表面出現一層奶皮。準備蛋清兩個，加入適量蜂蜜，攪拌均勻。把牛奶倒入攪拌後的蛋清液中繼續攪拌均勻，注意在倒牛奶時將奶皮留在牛奶碗的碗底。將攪拌均勻的牛奶和蛋清再緩緩倒回原來的牛奶碗中，讓原先小碗底部的奶皮浮起，覆蓋在最上層。然後加保鮮膜在鍋中蒸十五分鐘，待冷卻後生成新的奶皮，所以叫作雙皮奶。

功效：外形美觀，營養豐富。

Tips：關於製作奶品零食的四「不要」。

一、不要加巧克力醬：牛奶中的鈣與巧克力中的草酸結合之後，可形成草酸鈣，草酸鈣不溶於水，難以吸收，使寶寶難以獲得足夠的鈣質，且長期食用易使寶寶的頭髮乾燥而沒有光澤。

二、不要用含糖煉乳或大量的糖調製：煉乳中含有很多糖分，但缺少足夠的脂肪，大量糖在寶寶體內發酵過盛，過分刺激胃腸蠕動可能引起腹瀉，此外容易引起齲齒、肥胖症等疾病，如果長期用煉乳代替鮮奶餵養寶寶容易造起營養不良。

三、不要用透明的杯子存放牛奶：陽光照射會破壞鮮奶中的維生素B群，因此，存放牛奶最好選用有色或不透光的容器，並存放於陰涼處。

四、不要冰凍牛奶：冰凍使牛奶中的蛋白質、脂肪和乳糖等營養物質發生變化，解凍後可能出現凝固狀沉澱物、上浮脂肪團，伴有異常氣味，影響其口感和營養價值。

3.蔬菜系列

胡蘿蔔蛋丁

食材：新鮮胡蘿蔔半根、雞蛋一個。

製作方法：先把胡蘿蔔去皮洗淨，和雞蛋一起放在蒸籠裡蒸熟，取出後分別切成小丁並混合在一起，加入少量香油即可。

Tips：胡蘿蔔的最佳伴侶——油、肉、蛋、豬肝，油可幫助胡蘿蔔素轉變成維生素A，肉、蛋、豬肝幫助釋出胡蘿蔔的味道。

胡蘿蔔的最佳吃法——切碎，煮熟，可幫助消化

番茄汁

製作方法：將番茄削皮或在沸水中燙一下，與芹菜、胡蘿蔔等蔬菜榨成汁即可。

功效：番茄的營養豐富，被稱為神奇的菜中之果。

三、寶寶與媽媽的餐桌約會

寶寶和媽媽的餐桌約會是他們每天必須完成的功課。

寶寶：「我每天的任務就是大口吃掉媽媽的壞情緒，吃掉媽媽的壞脾氣，吃掉媽媽的

所有不開心。」

媽媽：「只要寶寶吃得開心，我就開心。」

專家解析：一～二歲是一個關鍵期，寶寶的飲食習慣逐漸成人化，爸爸、媽媽在此階段應養成三餐三點的飲食模式，增加食物的種類和稠度，原先不能吃的東西也要逐漸加入進來。

1. 增加米飯、餅類

白米是各種穀物中顆粒最小的，柔軟細膩，適合寶寶嬌嫩的腸胃，所含的蛋白質胺基酸組成合理，消化率、吸收率都高於其他穀物，營養價值很高，且熱量低。此外，白米的過敏原很少，即使是敏感體質的寶寶也能放心食用。

在一歲以前，寶寶只能吃白米粥、高蛋白米粉和膨化米食，隨著年齡的增長，一～二歲的寶寶的咀嚼能力增強，能吃軟米飯和糙米粥，這時爸爸、媽媽可以給寶寶增加一些米飯類的食物。

【DIY食譜】

奶香米飯

食材：白米、牛奶各適量，比例為1：2。

製作方法：將白米淘洗乾淨，和牛奶一起倒入鍋中，在鍋底略微塗上一點油，攪拌均勻，文火燜煮三十分鐘左右即可。

功效：牛奶與米飯完美結合，米飯中有奶香，寶寶更加喜歡，且營養豐富。

三丁米飯

食材：白米適量，瘦豬肉、胡蘿蔔、馬鈴薯各若干，植物油、蔥花、花椒粉、鹽、味精各少許。

製作方法：

Step1：白米淘洗乾淨，備用。（市面上賣的白米多為免淘米，可直接下鍋，以免大量流失維生素Ｂ。）

Step2：胡蘿蔔洗淨，馬鈴薯削皮，都切成黃豆粒大小丁，瘦肉也切丁，可略大。

Step3：鍋內倒入少量植物油，下白米、肉丁爆炒，待肉丁變色，加入適量水，大火燒開，加入胡蘿蔔丁、馬鈴薯丁、蔥花、花椒粉和適量鹽，貼著鍋底攪動，以免食物黏在鍋底，然後改小火燜三十分鐘，飯爛停火後，放入少量雞粉，並用筷子將飯撥開，將三丁拌勻。

功效：營養豐富，特別是維生素Ａ和鈣、磷、胡蘿蔔素，適合嬰幼兒食用。

Tips：如果你的寶寶不喜歡吃胡蘿蔔，可以將胡蘿蔔切得更碎一些，這樣能去掉胡蘿蔔的味道，而且避免被寶寶挑揀出來。

按照上面的作法，媽媽可以加入骨湯、肉湯和各種蔬菜，作成不同的飯。

2.增加炒菜類

以前寶寶經常吃的是燉煮的食物，容易消化與吸收，現在咀嚼和消化能力都已提升，能夠吃一些炒製、比較硬的食物。

【DIY鈣食譜】

琥珀桃仁

食材：核桃仁、熟芝麻、糖半碗。

製作方法：

Step1：油入鍋燒至五分熱，倒入核桃仁炒至白色的桃仁肉泛黃，撈出瀝油。

Step2：倒掉鍋內的油，倒入2匙開水，放入白糖，攪至溶化，倒入核桃不斷翻炒至糖漿變成焦黃，全部裹在核桃上，撒入芝麻，再翻炒片刻即可。

功效：補充不飽和脂肪酸，核桃對寶寶大腦發育有益。

番茄牛肉

食材：番茄、牛肉、薑、蔥、鹽。

製作方法：

Step1：將牛肉放在淡鹽水中浸泡半小時，取出切成一公分的小塊，番茄也切成小塊。

Step2：將牛肉放入電鍋中，加水燉三十分鐘。

Step3：鍋內加少許油，油熱後加蔥、薑爆香，放進番茄翻炒一下，倒入牛肉，加水、放鹽再煮二十分鐘左右，至肉爛、湯濃即可。

功效：牛肉對增長肌肉、增強力量特別有效。番茄富含的維生素A原，在人體內轉化為維生素A，能促進骨骼生長，預防駝背、眼乾燥症。

絲瓜木耳

食材：絲瓜、木耳、蒜、太白粉適量。

製作方法：

Step1：絲瓜刨皮切成滾刀片，木耳洗淨，蒜切成細末，太白水加水調好備用。

Step2：熱鍋中加入適量油，下蒜末煸香，然後放入絲瓜和木耳煸炒，將熟時放入適量鹽和太白粉水，翻炒片刻即可。

功效：清暑解毒，通便化痰，木耳有助補血明目。

Tips：這時除了有骨頭、有核、有殼的食物外，寶寶的食物與父母基本無異，但在烹飪時盡量少油、少鹽、少調味品，以避免加重寶寶的腎臟負擔。

3. 增加湯品種類

各種滋補身體的湯品都可提供給寶寶，只要堅持少油、少鹽、少調味品的原則即可。

四、酸、甜、苦、辣、鹹的祕密

情境再現

在某個記者招待會上，寶寶記者向寶寶專家提問。

寶寶記者：「請問您對人生有什麼看法？」

寶寶專家：「當初，第一次哭讓我嚐到了眼淚的『鹹』，第一次吃奶讓我嚐到了奶的『甜』，長了牙之後第一次吃苦瓜讓我嚐到了『苦』，雖然一開始苦得我直咧嘴，但慢慢地卻喜歡上這種味道，可能因為媽媽也喜歡的緣故吧！再後來嚐到了番茄，原來『酸』是這樣，加

點糖會變成酸甜，就像歌裡唱的，『酸酸甜甜我喜歡』。最後是『辣』，只有一種東西有這種味道，那就是辣椒，至今我都不太喜歡。你問我對人生有什麼看法，我的答案是，只有五味俱全的人生才是真正的人生，願意嘗試所有味道的人生才是真正的人生，這是媽媽用她作的飯傳達給我的資訊。」

專家解析：

上面的情景雖屬虛構，但道理並非虛構，寶寶的生活不能缺少這五種味道，哪怕嘗試過，發現寶寶不喜歡再放棄，也不能剝奪讓寶寶嘗試的權利，如同教育一般。

為了給食物增加酸、甜、苦、辣、鹹的不同味道，媽媽經常須要使用很多調味料，但我們對這些熟悉的調味料到底了解多少呢？

你知道它們都是用什麼提煉的嗎？

你知道每種調味料每天的健康食用量嗎？

你知道不同年齡層的寶寶能食用哪些調味料嗎？

這裡重點介紹酸、甜、辣、鹹、鮮對應的五種調味料——食用醋、糖（或蜂蜜）、辣椒、鹽、醬油、味精（或雞粉）和苦味食物的用途、食用方法及其優缺點。

1. 酸——食用醋

甲、食用醋的分類

食用醋分為兩種，一種是配製醋，是以發酵法工藝製成的食用乙酸製作而成，同時添加了水、酸味劑、調味料、香辛料、食用色素等，僅具有一定的調味功用。另一種是釀造食用醋，是以糧食或者水果、薯類等澱粉原料經過微生物發酵而製作的食用醋，如米醋、陳醋、燻醋，營養價值和味道遠超過配製醋，有調味、保健、醫藥等多種功用。

乙、食用醋的保存方法

醋瓶中加少許白酒和食鹽，可增強食用醋的香味，並延長儲存時間。也可加少許香油或蔥白或蒜瓣，可防發霉，不宜用銅器盛放，以免發生化學反應。

丙、吃醋對寶寶的好處

好處之一：殺菌。食用醋中含有0.4～0.6%的醋酸，可有效抑制沙門氏菌、大腸菌、赤痢菌等多種病菌的生長和繁殖。

好處之二：保護維生素C，促進微量元素的吸收。作菜時加入一點食用醋，能將蔬菜中的維生素C保護起來，同時可提高食物所含微量元素的吸收利用率，如在作豬蹄、排骨、魚時適量添加食用醋，會使骨質中的碘、鈣、磷等營養物質釋放出來，進而促進吸收和利用。醫學專家曾作過這樣的實驗：烹飪時放醋和不放醋相比，放醋的菜可提高人體營養吸收率70%。

好處之三：增加食慾。食用醋能使胃酸變濃，具有生津開胃、刺激胃腸蠕動、促進食物消化、增強寶寶食慾的作用。

丁、為寶寶購買食用醋的標準

在寶寶一歲以後開始選擇釀造食用醋，初期可少量添加，如果寶寶喜歡再慢慢加量。如果寶寶腸胃不佳，則不建議過早吃醋。

2.甜——糖和蜂蜜

糖具有一定的特殊性，既是一種調味品，又是一種零食，前面零食一章中簡單介紹了糖作為零食食用時，應當注意的一些問題，下面主要介紹糖作為調味品應當注意的問題。

甲、食糖的分類

食糖分為粗製糖和精製糖兩種，前者為紅糖，後者為白糖，作為調味料的食糖主要是白糖，如白砂糖。

Tips：一歲寶寶能吃蜂蜜嗎？

可以。但一歲以前的寶寶不可，因為蜂蜜中可能存在肉毒梭菌芽孢，如果被嬰兒食入體內，便為其提供了繁殖的條件，可引起肉毒梭菌中毒。

乙、寶寶吃糖的好處

食糖其實就是一種碳水化合物，因此能為寶寶提供能源，而且是大腦、神經組織和紅血球的唯一能源，同時參與身體建構和代謝，是很重要的食物。

丙、寶寶吃糖過多的壞處

攝取過多的糖會導致食慾下降，營養失調，影響骨骼生長，削弱免疫力，引起肥胖，損壞牙齒，導致「甜食綜合症」，表現為注意力不集中、情緒不穩定、愛哭鬧、好發脾氣。

因此，必須控制寶寶攝取糖分的量，掌握正確的食用方法，作到以下三點：

第一點：控制食用量。四至六個月以下的寶寶只能代謝乳糖、蔗糖等簡單的糖，只要哺餵寶寶母乳或配方奶粉就可以了，不必在食物中再添加糖；四至六個月以上不滿一

歲的寶寶已經能夠消化多醣澱粉，因此能消化一些天然食物中的糖，比如澱粉，建議爸爸、媽媽盡量為寶寶自製副食品，如果購買食品，也盡量選擇低糖或無糖的。一歲以上的寶寶消化功能進一步加強，只要讓寶寶均衡攝取穀物類、蔬果、肉類和魚蝦、蛋奶類、豆類及豆製品，就能滿足寶寶對醣、澱粉、膳食纖維以及其他營養素的須求，無須額外添加糖分，如果添加，應將每天在食物中人工加入糖分的總量控制在10克以內，不要超過20～30克。

第二點：控制食用時間。餐前、餐後、生病時、空腹時和吃中藥時都不宜吃糖。餐前吃糖會降低食慾，影響其他營養成分的攝取，餐後立刻吃糖會造成血糖負荷過大，使胰臟為了分泌更多的胰島素而高強度工作，長期保持這種飲食習慣可能造成胰臟的病變，因此不建議模仿西方國家的飲食習慣，餐後立刻吃甜品，建議將享用甜品的時間放在兩餐之間，即9～10點或15～16點。患病時身體各項機能較弱，包括消化能力，因此這時吃糖更易使寶寶沒有食慾，同時吃過多甜食，消耗體內大量維生素，最終加重病情。空腹時吃甜食或喝甜飲料，容易引起胃酸、胃脹等不良反應和低血糖反應，同時消耗大量維生素。吃中藥時，很多爸爸、媽媽為了讓寶寶容易接受，經常在中藥中加入糖，其實從中醫觀點來看，糖也是一味藥，涼性藥物可加白糖，熱性藥物可加紅糖，不會影響藥效。但如果隨便加糖就會影響藥效，建議家長在醫院開方時，詢問一下能否能加糖，應該加什麼糖。

第三點：控制糖對牙齒的不良影響。將每次吃糖的時間控制在二十分鐘之內，並且在吃完糖後立刻漱口或喝點白開水。

Tips：巧用糖。

冬季洗澡前或運動前餵寶寶吃一點糖，給寶寶提供能量，讓寶寶在洗澡的時候暖和一點，運動時更加有活力。

3.苦——苦瓜

苦味食品好處多多，不僅是美食，也是良藥。現代醫學研究顯示，苦味食品在身體中發揮著各式各樣的作用。

（1）提神醒腦、消除疲勞。苦味食物中有一定的可可鹼、咖啡因，它們能使中樞神經興奮，提高精神活力，促進身體代謝，在一定程度上消除疲勞，減輕壓力，緩解鬱悶情緒，咖啡就是其中的代表。

（2）調節酸鹼平衡，使身體保持健康的弱鹼性。苦味食品以蔬菜和野菜居多，富含胡蘿蔔素、多種水溶性維生素和鉀、鈣、鎂等礦物質，屬鹼性食品，可以有效抵消酸性產物，保持人體酸鹼平衡，使身體保持健康的弱鹼性，消除致病隱憂，防癌、抗癌。

（3）泄熱排毒。苦味食物一般都具有較強的排毒、解毒功能。中醫認為，苦味屬陰，有疏泄作用，可疏泄內熱過盛引發的煩躁不安，還可以通便，排出體內毒素，讓幼兒少患疾病。西方醫學認為茶葉中的茶多酚、多醣和維生素C都能加快體內有毒物質排泄。

Tips：一歲寶寶能喝濃茶嗎？

不能。寶寶喝少量淡茶對身體有益，但一旦過量可能引起過度興奮，蛋白質和礦物質吸收受阻，腎臟負擔加重等問題。媽媽可為寶寶提供金銀花茶，即用曬乾的金銀花蕾與綠茶按

4：1的比例泡成淡茶，放涼後飲用，有清熱去火，排毒消暑的功用。大麥茶也是不錯的選擇，每天用5克大麥茶沏水給孩子喝，能達到消食開胃的作用，而且大麥茶有奇特的香氣，孩子一般都喜歡喝。

(4)促進造血。苦味食品可使腸道內的細菌保持正常的平衡狀態，抑制腸道有害細菌的發育和繁殖，有益於腸道功能的發揮，尤其對腸道和骨髓的造血功能有幫助，進而有利於改善幼兒的貧血問題。

媽媽可以為一歲以上的寶寶適當添加苦味食品，比如萵苣葉、萵筍、苦瓜、蘿蔔葉、苔菜、杏仁、蓮子心等。下面介紹兩道苦味美食：

雞蛋花苦瓜瘦肉湯

食材：雞蛋花25克（可不用）、苦瓜500克、豬瘦肉400克、生薑3片。

製作方法：雞蛋花洗淨備用，苦瓜洗淨切開、去瓤仁，切成片狀。豬肉洗淨，整塊不切。

在瓦煲內放進清水2,000毫升，加入生薑片，大火煮沸後加入苦瓜、豬肉和雞蛋花，再次煮沸後改小火煲約一個小時，然後放入適量的食鹽和花生油即可，煲中的苦瓜和豬瘦肉可撈起來拌上醬油作為涼拌菜食用。

功效：清熱解毒。

Tips：雞蛋花是廣東著名涼茶五花茶的原料五花之一，性涼、味甘、淡；歸大腸、胃經，具有潤肺解毒、清熱祛濕、滑腸的功效。

清炒萵筍絲

食材：萵筍300克，鹽、雞粉適量。

製作方法：將萵筍去皮、去葉後洗淨，切成絲。鍋中油熱後，倒入萵筍絲，翻炒片刻後加鹽和雞粉快炒幾下即可。

功效：富含鈣質、維生素，預防貧血。

4.辣——辣椒

一歲後的寶寶，酸、甜、苦、鹹皆可食用，除了辣。因為辣椒、大蒜及洋蔥等辛辣食物容易引起胃灼熱、消化不良等情況，建議不要給寶寶食用。

5.鹹——鹽和醬油

鹽的主要成分是氯化鈉，一般都加入碘，即碘鹽，也有加入其他營養素的營養強化鹽。

甲、寶寶食鹽攝取量的標準

寶寶的食鹽量要嚴格控制，一至六歲的寶寶每天食鹽量不應超過2克，一週歲以前每天食鹽量不應超過1克。

乙、吃鹽過多的壞處

A.引起心血管疾病。吃鹽過多，身體無法將所有的鹽分排泄出體外，而過多的鈉會滯留在體液中，促使血量增加，血壓增高，加重心臟負擔，導致體內鉀流失。

B.引起上呼吸道感染。降低上呼吸道黏膜抵抗疾病侵襲的能力，特別是幼兒的免疫能力比成人低，吃鹽過多更容易患上呼吸道疾病。

C.引起缺鋅。吃鹽過多影響兒童體內對鋅的吸收，導致缺鋅，進而影響智力發育，造成寶寶免疫力下降，引發各種疾病。

醬油是另一種有鹹味的調味品，用豆、麥、麩皮釀造的液體調味品。色澤呈紅褐色，有獨特醬香，滋味鮮美，有助於促進食慾，是老百姓家庭必備調味品之一。

丙、醬油的分類

按照製作方法可分為釀造醬油和配製醬油兩種，釀造醬油由大豆或小麥微生物發酵而成，配製醬油則是用釀造醬油和酸水解植物蛋白調味液、食品添加劑等配製而成。按照著色力的不同可分為生抽和老抽，生抽的顏色比較淡，適合作一般的涼菜和炒菜，老抽顏色比較深，味道比生抽更加濃郁，一般用來作燉肉。

丁、醬油的保存方法

放幾瓣大蒜或倒入幾滴白酒在醬油瓶中，可防止發霉。

Tips：5毫升醬油裡大約有1克鹽。因此建議給寶寶食用無鹽醬油，以免在無意間攝取過多鹽分。

五、油品的選擇

為了讓食物色香味俱佳，作飯時難免加入一些食用油，但切忌過量，而且應當將各種不同的食用油搭配食用。

核桃油

健康指數：☆☆☆☆☆

優點：含有的豐富維生素E、人體須要的多種微量元素和含量高達92.1%的亞油酸、亞麻酸等不飽和脂肪酸。其中亞麻酸和亞油酸是組成大腦的原料之一，佔腦重量的20％，在體內的衍生物即被稱作腦黃金的DHA，此外含有另一種重要的補腦元素——磷脂，佔腦重量的30％，承擔傳達資訊的重要職責，也是人體所須膽鹼的主要來源，而膽鹼可以促進細胞活性化，提高記憶和智力水準。而角鯊烯及多酚等抗氧化物質能促進生長發育，增強免疫，平衡嬰幼兒新陳代謝，改善消化系統。所以，核桃油不但能促進人體機能健康平衡，有效抵抗外界疾病，增強記憶力，幫助寶寶腦部健康發育。

烹調方式：低溫烹飪或直接調用。

保存方式：開蓋使用後須放入冰箱冷藏。

Tips：美國的琴恩．卡波（Jean Carper）在《大腦的營養》一文中提出，不飽和脂肪酸可增強記憶力。

葵花籽油

健康指數：☆☆☆☆

優點：不含芥酸、膽固醇和黃麴黴素，具有較高的保健價值，且所含亞油酸與維生素E的含量比例均衡。

烹調方式：低溫烹調使用。

Tips：新媽媽經常食用有助「分泌乳汁」，準媽媽經常食用對「孕期糖尿病」有輔助治療作用。

茶籽油

健康指數：☆☆☆☆

優點：富含單元不飽和脂肪酸及角鯊烯、茶多酚等，是比較接近母乳的自然脂肪，適合嬰兒食用，其中的維生素E和抗氧化成分，可以預防疾病，還可養顏護膚。

烹調方式：直接食用。

芝麻油

健康指數：☆☆☆☆

優點：富含維他命E和亞油酸，經常食用可調節毛細血管滲透作用，提高體內營養的吸收利用率。此外特有的滑腸功能有利於新陳代謝。

烹調方式：直接食用。

橄欖油

健康指數：☆☆☆☆☆

優點：被認為是「迄今所發現的油脂中最適合人體營養的油脂」，含有豐富的不飽和脂肪酸、礦物質和維生素，抗氧化成分可防止許多慢性疾病。生產過程未經任何化學處理，天然營養成分保持完好，適合寶寶食用。

烹調方式：低溫烹調。

花生油

健康指數：☆☆☆

優點：不飽和脂肪酸的含量超過80％，所含有的亞油酸、亞麻酸、花生油四烯酸對促進生長發育及預防疾病有重要作用。此外，鋅含量是食用油中最高的，可為缺鋅的寶寶食用。

烹調方式：200℃以下高溫煎、炒、烹、炸均可。

大豆油

健康指數：☆☆☆

優點：富含卵磷脂和不飽和脂肪酸，易於消化與吸收。但多不飽和脂肪酸會降低好的膽固醇，高溫下還易產生油煙和有毒物質，食用時要掌握正確的操作方法，注意安全。

烹調方式：低溫或200℃以下的高溫煎、炒、烹、炸均可。

調和油

健康指數：☆☆☆☆

優點：由幾種高級烹調油經過搭配調和而成，富含不飽和脂肪酸、維生素E，味道佳且價格合理，最適合日常炒菜之用。

烹調方式：200℃以下高溫煎、炒、烹、炸均可。

1.健康食用方式——不要長期食用同一種油

不同的油含有不同的營養成分，因此建議將多種油搭配使用，可將調和油與比較高極的食用油，如核桃油、紅花籽油、山茶籽油或橄欖油等搭配食用，炒菜時用調和油，涼拌時用核桃油或橄欖油，將各自的優勢發揮出來。科學均衡比例的食用調和油也可以適量給寶寶吃一些。

2.食用油的選購

精煉程度越高，油的顏色越淡，透明度越高的越好。可取一、兩滴油放在手心，雙手摩擦發熱後，聞不出異味的比較好。

3.食用油的保存

避光、密封、低溫、防水。

第三節 一～二歲寶寶餐具篇

一、鍋、碗、勺、筷大作戰

圖圖下個月便整整一歲了，爺爺計畫在他一歲的那一天，讓他開始在餐桌前吃飯。為了保持餐桌的安全和用餐秩序，爺爺召開家庭會議，通過了第***號決議，決議要求為寶寶購買適合的餐具，並以最快速度訓練寶寶掌握使用方法，為達成此任務，爸爸負責購買餐具，媽媽負責培訓寶寶使用餐具，爺爺

奶奶負責佈置用餐環境，小狗東東負責吃掉寶寶掉落的食物，分工完畢，各自開始工作，一場關於鍋、碗、勺、筷的大作戰開始了。

作戰任務第一項：購買餐具。

爸爸將自己在工作上的一貫認真作風運用到為寶寶購買餐具上，首先在育兒網站和論壇上廣泛搜索，尋找到幾個據說不錯的品牌，同時從很多網友那裡獲得不少購買建議，然後將這些紛繁複雜的資訊整理得出一個最佳的購買攻略，詳情如下：

餐具最重要的三個指標是款式、材質和色彩。

1.款式——方便實用、外形渾圓為最佳。

湯匙：勺頭拐彎、手柄大小適合寶寶手掌。

碗：底部帶有吸盤，不易導熱。

Tips：一歲的寶寶能用筷子嗎？能用西式餐具嗎？

不能。西式餐具中的刀叉比較尖銳，容易將孩子的嘴唇刺破。如果寶寶在進餐時跌倒，還容易造成更嚴重的外傷。而使用筷子要求寶寶的手部、腕部、肘部、臂部甚至肩部的多個關節精確地協調配合，這時兩歲以前的寶寶難以作到。如果爸爸、媽媽強迫一歲的寶寶用筷子，無異於揠苗助長，對寶寶學習使用餐具毫無益處，反倒可能引起寶寶厭食的問題。

2.材質——耐高溫的塑膠餐具為最佳。

選擇理由：耐高溫方便加熱和消毒，塑膠質地堅硬，不易破碎，而且重量較玻璃和瓷質的輕很多，適合力量較弱的寶寶。

3.顏色——透明或顏色淺的為最佳。

選擇理由：可讓食物本身的色彩吸引寶寶的注意，且避免彩色餐具帶來的危險隱憂。

Tips：為什麼不宜購買彩色餐具？

彩色餐具在製作過程中可能涉及對身體有害的化學顏料，如陶瓷類餐具上的彩圖是以彩釉繪製的，而彩釉中含有大量的鉛，如果食用醋等酸性食物，就可以把彩釉中的鉛溶解出來，與食物同時進入兒童體內，導致兒童體內含鉛量過高，嚴重影響寶寶智力發育。

按照這樣的攻略，爸爸很容易就買到了合適的餐具，寶寶十分喜歡，第一步的作戰任務順利完成。

作戰任務第二項：教寶寶學會使用餐具。

當媽媽接到這項任務時，忍不住竊喜：「哼哼，我早就開始教寶寶用餐具了。」

其實當媽媽開始餵寶寶副食品時，她便發現寶寶對餐具特別感興趣，總想從媽媽手中把餐具搶過去，一開始媽媽覺得很反感，因為這樣搶來搶去影響她餵寶寶吃飯的速度，但後來轉念一想，應該利用這個時機教寶寶使用餐具。於是以後寶寶每次搶餐具時，媽媽便主動將湯匙遞給他，但她很快發現，因為湯匙太大，寶寶每次都拿得很吃力，於是媽媽將買優酪乳送的小湯匙拿出來，寶寶很快便使用得心應手了。這次接到家庭作戰任務，訓練寶寶使用餐具時，媽媽其實早已完成任務。

為了幫助其他爸爸、媽媽，圖圖的媽媽在這裡將自己的成功訣竅總結：

耐心＋細心＋愛心＝成功！

圖圖九個月時，媽媽開始讓他學用湯匙。媽媽有意識地讓寶寶看自己食用湯匙的方式，然後讓他模仿，雖然圖圖經常不小心將湯匙掉在地上，但媽媽從來沒有責怪過他，每次都耐心撿起來，然後讓他繼續嘗試。

十個月時，媽媽開始讓寶寶使用碗。每次媽媽都故意只在碗中裝不到三分之一的食物，以免寶寶拿不動，寶寶吃的時候沒有停頓，媽媽就偶爾將碗從寶寶手中拿過來，讓他歇一歇，然後再繼續吃。

十二個月時，媽媽教寶寶自己用杯子喝水，喝水像用碗吃飯一樣，媽媽每次只在杯中放三分之一的水，不時將杯子從寶寶手中拿過去，讓他歇一歇，以免他因為喝得太急而嗆到。

慢慢地，寶寶已經能自己吃飯、自己喝水了。

作戰任務第三項：佈置用餐環境。

爺爺、奶奶按照圖圖的身高在商場買了一組適合的桌子和椅子，就放在圖圖最喜歡的魚缸旁邊，坐在那裡能看到圖圖最喜歡的一條「清道夫」，他喜歡和小魚一起吃飯。此外，爺爺還為圖圖準備了圍兜，以免吃飯的時候弄髒衣服。但爺爺、奶奶並沒有舖桌布，也沒有將餐桌擺放在電視機旁，因為他們希望圖圖吃飯時能專心一致，不受其他東西的影響。

這項任務完成後，就只剩下小狗東東的任務了，其實牠隨時隨地都準備好吃掉圖圖掉下的飯粒，根本不用作任何準備。

一切準備完畢，圖圖開始第一次餐桌用餐。

第四節　一～二歲寶寶飲食保健篇

一、如何攻克餵藥難關

寶寶長大了，更難餵藥，平時看起來那麼嬌弱的寶寶，反抗吃藥的時候卻像個大力士一般，力氣大的出奇，如果捏著鼻子餵下去，可能讓藥物進入寶寶的氣管，引起窒息。針對這種情況，專家認為寶寶不喜歡吃藥的重要原因是怕苦，所以建議媽媽採用下面的這些方法：

如果是一般藥粉，可黏在母親的乳頭上或奶

瓶嘴上，然後給寶寶吃奶，讓寶寶將藥物隨著乳汁一同服下，藥量大時可重複幾次進行，也可拌糖水餵服。

如果特別苦的藥粉或藥水，如黃連素等，建議先在小湯匙裡放點糖，將藥粉倒在糖上，再放點糖蓋在藥的上面，並準備好糖水，喝下藥後立即服下。

如果是油類藥物，如魚肝油滴劑、液體石蠟等，可滴在餅乾或饅頭等食物上，也可滴在一匙粥內一起吃下。若尚未添加副食品，可用滴管直接滴在口中，然後餵糖水沖口。

如果寶寶實在拒絕吃藥，爸爸、媽媽可用手卡住寶寶臉頰外上下齒的地方，迫使他打開口腔，然後把藥送下即可，這種方法比捏鼻子灌藥更安全。

此外，餵藥時不宜將藥物和母乳或果汁混合餵食，以免降低藥效。餵藥時間最好在兩餐之間，可使藥物充分吸收。如果餵中藥，藥汁盡量少，放涼再餵，可以減少苦味。

分享空間

除了上面專家提到的方法外，面對形形色色不同特徵的寶寶，爸爸、媽媽們摸索出屬於自己的方法，在這裡大家一起分享。

1.分散注意力法

寶寶：丁丁（一歲四個月）。

描述人：媽媽。

丁丁從小喜歡音樂，尤其喜歡奶奶給他唱歌、唸詩，每次一聽到奶奶的聲音，他的情緒就能穩定下來，所以後來餵藥遇到問題時，奶奶便在旁邊唱歌、唸詩，不一會兒丁丁就能乖乖的吃藥了，所以我覺得餵藥的時候適當轉移注意力是很好的辦法，讓寶寶對藥的注意程度降低，就不覺得藥很苦。

2.避開感受苦味的味蕾

寶寶：麥兜（一歲一個月）。

描述人：媽媽（職業是醫生）。

舌頭的不同部位感受不同的味道，舌尖的味蕾主要感受甜味，近舌尖的兩側主要感受鹹味，舌後兩側感受酸味，舌根部則感受苦味，所以在餵苦藥時，應盡量減少藥物與舌根部的接觸以及在口中停留的時間。每次，我都把藥物放在孩子的舌尖部，然後餵溫開水，讓他迅速吞下。

3. 建立吃藥的儀式

寶寶：彤彤（一歲七個月）。

描述人：媽媽。

小時候，每次吃藥我和彤彤爸爸都要把她抱起來，圍上圍兜親親她，然後告訴她要吃藥了，雖然那個時候她不明白吃藥是什麼意思，但我們堅持這樣作。現在只要我們把她抱起來，圍上圍兜，她就明白要吃藥了，因為小時侯吃藥我們很注意方法，從不會讓她覺得難受，所以後來即便餵比較苦的藥，她也能接受，她喜歡每次吃藥前爸爸抱抱她的感覺，有時候她還會故意裝病，說想吃藥，為的就是要爸爸抱抱她、親親她。

二、發燒寶寶的特級病人餐

＊寶寶對發燒的定義

韻詩（一歲五個月）：「發燒就是吃藥和打針，每次我還不覺得有什麼不舒服，爸爸、媽媽就給我吃藥、打針。」

魯魯（一歲八個月）：「發燒就是特級大餐，每次發燒，媽媽都給我作好多好吃的，不用吃藥病就好了，我最喜歡生病了。」

＊爸爸、媽媽對發燒的定義

韻詩的爸爸：「發燒就是感冒，要趕快吃藥，不然會越來越嚴重。」

魯魯的媽媽：「發燒不一定是感冒，而且即

便是感冒也不一定須要吃藥，服用過多藥反倒對身體不好，對於較輕的症狀，食療就能治好。」

專家解析：

很多疾病都可能引起發燒，感冒只是其中一種。如果寶寶突然半夜發燒，爸爸、媽媽無須緊張，除了少數像腦膜炎等較為嚴重的疾病須要立刻救治外，多數如感冒、腸胃炎所引起的高燒現象，並不須要立刻就醫，可先在家中採用簡單的護理方法，同時觀察、評估寶寶的精神狀況，如果情況穩定，可等到白天再去醫院治療，如果寶寶的精神活力較差，建議立刻送去醫院，請醫師評估寶寶狀況。退燒的簡易處理方式主要包括藥物和非藥物兩方面。

1.非藥物處理方式

將室溫保持在24℃～26℃之間，同時保持空氣流通；避免寶寶穿的過厚或蓋過厚的棉被；多喝溫開水，有腹瀉症狀的寶寶可適量補充水分，具體方法詳見第二章中介紹為腹瀉寶寶補充水分的方法；充足的休息，避免過度活動；以溫水或酒精擦拭寶寶的脖子、腋下、腹股溝、膝窩等動脈較多的地方，促進體表散熱。

2.藥物處理方式

當耳溫（肛溫）超過38.5℃或腋溫超過37.5℃時，爸爸、媽媽可先使用口服退燒藥幫孩子退燒；每次服藥須間隔四至六小時。若發燒時的耳（肛）溫超過39℃，可使用退燒塞劑；塞劑使用須間隔六至八小時。若寶寶有嚴重腹瀉，不宜食用塞劑退燒。六個月以下的嬰兒使用退燒藥物，須要醫師詳細計算藥物使用劑量。

Tips：治感冒一定要吃藥嗎？

不是，要視感冒的程度而定。感冒是由細菌或者病毒感染引起，感冒藥的作用並不在於殺死了多少病毒，而只是起到緩解症狀的作用，比如感冒時流鼻涕、鼻塞、頭疼、全身痠疼，感冒藥能稍微緩解這些身體上的不適，但並不能治本，因此真正感冒痊癒仍然須要身體的免疫系統和病毒戰鬥。而且感冒本身是一種自限性疾病，大概一星期左右會自癒。因此建議在感冒後沒有出現併發症時盡量採用上面提到的物理治療方式替代藥物緩解身體的不適反應。

在發燒過程中，身體機能降低，為了更好發揮身體免疫機能與病毒抗爭，建議爸爸、媽媽為寶寶提供以流質或半流質食物為主的健康飲食，以供給充足的水分、維生素、無機鹽和適量熱量、蛋白質，下面介紹幾種簡單的病人餐：

牛奶米湯

食材：牛奶、白米（或小米）。

製作方法：白米淘洗乾淨，加入清水中煮爛，濾掉米渣，加入牛奶，調勻即可。

功效：米湯含豐富的碳水化合物，能提供充足的水分及熱量，而且容易被腸胃消化。米湯的碳水化合物能使牛奶中的酪蛋白不易消化分子變成易於消化及吸收的分子。

蒸蛋

食材：雞蛋1～2個。

製作方法：雞蛋打勻，加適量溫水蒸熟即可。

功效：蒸蛋容易消化和吸收，可以補充蛋白質。

小米粥

食材：小米。

製作方法：小米洗淨，鍋中加清水和小米，煮爛即可。

功效：以植物蛋白及碳水化合物為主，營養豐富，熱量適中，最適合病弱的寶寶食用。

綠豆湯

食材：綠豆。

製作方法：鍋中加清水，煮至綠豆爛熟，將豆渣濾除即可，可加適量的糖或鹽。

功效：有清熱解毒、祛暑之功效，能有效補充水分和營養元素。

蔗漿粥

食材：新鮮甘蔗一根、白米100克。

製作方法：將青色新鮮甘蔗洗淨後榨汁100毫升，白米加水煮成粥，然後將榨好的甘蔗汁加入粥中，每天服用二至三次。

功效：清熱潤燥，止渴生津。適用於肺熱咳嗽、口乾舌燥。

果汁系列

西瓜汁：具有清熱、解暑、利尿的作用，可以促進體內毒素排出體外。

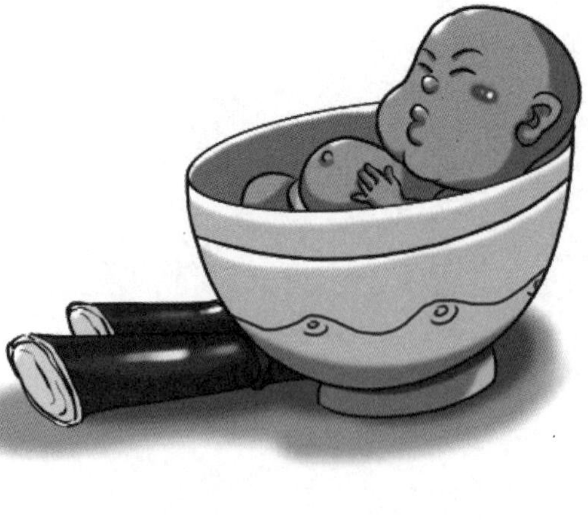

鮮梨汁：具有清熱、潤肺、止咳的作用，適用於發燒伴有咳嗽的寶寶。

鮮蘋果汁：含有大量維生素C，可補充營養元素，還可中和體內毒素。

蘿蔔薑棗湯

食材：白蘿蔔一個、薑一塊、紅棗三個、蜂蜜30克。

製作方法：將白蘿蔔、薑分別洗淨、晾乾，切成薄片備用。將五片白蘿蔔、三片薑和三個紅棗放入鍋中，加一碗水，煮沸二十分鐘，去渣留湯。食用時加入蜂蜜即可。

功效：可緩解風寒感冒的咳嗽、流鼻涕等症狀。

生薑葉湯

食材：生薑三片，冬桑葉9克，西河柳15克。

製作方法：將這三味水煎，像喝茶一樣飲用。

功效：適用於風熱感冒，發熱較高，微惡風寒，出汗，鼻塞無涕，咽喉腫痛等症。

Tips：發燒期間如果寶寶的食慾不佳，不必強迫他進食，但盡量補充水分，不必增加平時食物量，以免引起腹瀉。

三、常吃不生病的十種食物

在日本和韓國，「食育」——培養良好飲食習慣的教育已經日漸受到關注，而日本更是早在2005年便將食育寫入法律，制訂了《食育基本法》。食育的核心目的是培養孩子養成健康的飲食習慣，也許三歲前的寶寶尚不明白健康飲食習慣的含意，但從小就開始實行本身就是一種食育。因此，為了讓寶寶從小便養成健康

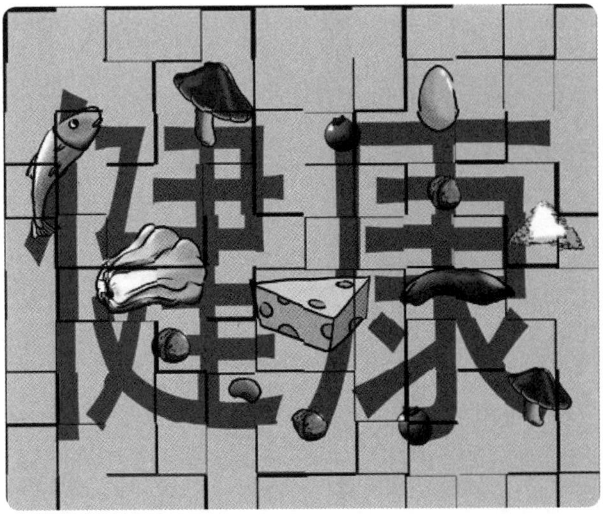

的飲食習慣，爸爸媽媽應當經常讓他們食用下面介紹的十種健康食物：

菌類

蘑菇、猴頭菇、草菇、黑木耳、銀耳、百合等都有明顯增強免疫能力的作用。

食用方法：清炒或清燉方法最佳，小小的、味道甜的茶樹菇、杏鮑菇、秀珍菇等適合炒，個頭大、肉厚、味道清淡的菇類則適合燉製，如鮑汁百靈菇。

莓類

美國農業部的一項研究顯示，藍莓是抗氧化物質含量最高的水果，排在第二名的是小紅莓，其次是黑莓和草莓。抗氧化物質可以中和自由基，而自由基可能引起很多慢性疾病，如癌症，心臟病等。此外小紅莓還可以防止尿道感染。

食用方法：放在優酪乳中或製作蛋糕、沙拉。

乳製品

乳製品不但富含鈣元素，而且含大量的蛋白質、維生素（包括維生素D）和礦物質，每天食用三份量的低脂乳製品能有效對抗骨質疏鬆症。此外，乳製品可幫助控制血糖，幫助減肥，是很好的保健食品。

食用方式：與果汁搭配，味道最佳。加入適量蜂蜜也是不錯的選擇。

脂質魚

魚類含有EPA，有抑制癌細胞擴散的重要功能。大馬哈魚、金槍魚等魚類含大量的Omega～3脂肪酸，可以對抗疾病，幫助降低血內脂肪量，同時可以預防和心臟病有關的血凝。

食用方式：燉製、烤製均可。與豆腐搭配吃可取截補短，促進人體吸收豆腐中的鈣，而且魚肉中的不飽和脂肪酸和豆腐中的大豆異黃酮都具有降低膽固醇的作用，一起吃對於防治心臟病和腦中風很有幫助。

蔬菜類食物

很多蔬菜如菠菜、甘藍菜、白菜和生菜等，都富含維生素、礦物質元素、β－胡蘿蔔素、葉酸、鐵元素、鎂元素、植物化學物和抗氧化物等成分，具有抗病、防病的作用。哈佛研究發現，經常吃含鎂元素高的食物，如菠菜等，可以降低糖尿病病發可能性。

此外特別值得一提的是番茄，番茄含有的番茄紅素是一種可以幫助防止某些癌症的抗氧化劑，番茄同時含有豐富的維生素A和C、鉀和植物化學物質，與大多數蔬菜一樣也是鹼性食物，有利於保持身體酸鹼平衡，進而達到防病、抗病的作用。

食用方法：生吃、熟食均可。

全穀類食物

全穀類食品含有葉酸、硒元素、維生素B等有益於心臟健康的元素，這些元素還可以控制你的體重，減少罹患糖尿病的危險。其中含有的纖維含量可增加飽感，促進消化。

全穀類食物包括全麥、大麥、黑麥、穀子、糙米、野生稻和全麥義大利麵、麵包等。

食用方法：作為主食食用，蒸、煮最佳。

紅薯

紅薯含有大量的抗氧化劑、植物化學物質——包括β－胡蘿蔔素、維生素C和E、葉酸、鈣、銅、鐵、鉀，是典型的鹼性食物，而且它含有的纖維能促進消化道的健康。

食用方法：傳統方法主要是烤和蒸，這兩種方法均能增加紅薯自身的甜香味道，讓小寶寶難以抗拒，此外這兩種作法作出的紅薯非常軟綿，適合寶寶尚不完善的消化系統。

豆類及豆製品

豆類含有大量的植物化學物質、高品質的蛋白質、葉酸、纖維素、鐵、鎂和少量的鈣。定期吃一些豆類，可幫助降低罹患某些癌症的機率，降低血液中膽固醇和甘油三酯水準，穩定血糖。此外，豆類所含熱量很低，能夠幫助控制體重。

食用方法：煎、炒、烹、炸、燉、煮、烤均可。

堅果

堅果可幫助降低膽固醇，有助於預防心臟病。同時可提供大量蛋白質、纖維素、硒、維生素E和維生素A。堅果的熱量較高，不建議大量食用，每天最多只能食用28克，相當於二十八顆花生，或十四個核桃或者是七個巴西堅果。

食用方法：烤製和炒製。

雞蛋

雞蛋富含高品質的蛋白質、類胡蘿蔔素、葉黃素、膽鹼和酵素。膽鹼是一種必須的營養素，具有防止衰老的作用，而酵素有抑制過濾性病毒的作用。

在不知不覺中，爸爸媽媽將「食育」融入寶寶的一日三餐中，正是所謂的「寓教於樂」。

四、胖寶寶減肥記（下）

墩墩最近一直在思考「公平」問題，因為自從墩墩學會走路之後，他發現爸爸、媽媽很多小祕密，他發現爸爸、媽媽經常趁著他睡著的時候吃零食，而且是邊看電視邊吃，這讓墩墩很生氣，「為什麼爸爸、媽媽能吃炸雞腿，我卻不能，為什麼爸爸、媽媽能喝可樂，我卻不能，為什麼爸爸、媽媽能邊看電視邊吃東西，我卻不能，不公平！我要抗議！」

於是墩墩展開了一系列的抗爭行動。他先是拒絕在正常的用餐時間吃飯，然後等吃飯時間一過，便喊著要吃零食，到了晚上也不肯上床，偷偷跑到爸爸、媽媽面前搶零食

吃，媽媽帶他作運動的時候，更是想盡辦法耍賴。結果之前三個月的減肥效果全部泡湯，恢復成一個小胖子，更加嚴重的是，他被體檢出貧血。媽媽一下子慌了，問醫生怎麼辦，醫生詳細了解了之前墩墩的減肥方案和墩墩爸爸、媽媽的飲食習慣後，作出一個建議：「你們全家一起減肥吧！這樣才能真正達到效果，此外要注意飲食平衡。」

墩墩媽媽回到家立刻開始著手全家的減肥工作：

第一步，測算全家人的體重情況，不合格的全部減肥。成人正常體重的計算公式為：BMI＝體重（公斤）／[身高（公分）的平方]，健康的體質指數應在18.5~23.9之間，爸爸和媽媽測算出的結果分別是25和26，因此都要減肥。一歲以上寶寶的標準體重應為：標準體重（公斤）＝8＋年齡×2，墩墩現在是一歲半，也就是8＋1.5×2＝11，即11公斤，但墩墩早已超過這個重量，所以雖然他貧血，但還是要減肥。爺爺、奶奶不須要減肥，所以由他們充當監督人員。

Tips：如何讓爺爺、奶奶支持寶寶減肥？

要讓長輩知道寶寶的身體狀況，拿出醫院的檢查結果給他們過目，讓他們瞭解不減肥的後果，為他們提供相關書籍，讓他們也了解相關的知識。

第二步，將家中所有涉及不良飲食習慣的食品都丟掉，改變用餐環境，從外到內改變飲食習慣。墩墩媽媽將家裡所有的零食丟掉，將餐桌前的電視機搬走，將電視機前的沙發換成板凳，騰出空間放了一臺跑步機，這樣可以邊看電視邊跑步，當然這是為媽媽專門提供的，墩墩暫時無法使用。

第三步，制訂減肥計畫。爸爸媽媽的減肥計畫是：節食＋運動。寶寶尚處於生長發育

的關鍵期，不適合使用節食的方法來減肥，因此媽媽將一歲前給墩墩設計的減肥計畫稍作修改繼續使用，修改的部分是增加戶外運動的時間，每天帶他出去散步半個小時。

這個過程看似簡單，實則非常辛苦，有時候為了讓墩墩抵擋住美食的誘惑，爸爸媽媽必須絞盡腦汁想出新鮮的辦法來轉移墩墩對美食的注意，半年下來，下面這個方法一直屢試不爽。

爸爸給這個方法取名「積少成多」，即將墩墩沒有吃的零食累積起來，最後換成一個小禮品，比如墩墩爸爸告訴墩墩，每瓶可樂中所含的糖分大約有三塊方糖那麼多，所以每當墩墩忍住少喝一瓶可樂，就賺三塊方糖，當墩墩賺夠五十塊的時候就能購買一樣小禮物，這個辦法讓墩墩買了很多喜歡的玩具。

就這樣，墩墩全家人堅持了半年，現在爸爸、媽媽的體重已經恢復到健康水準，墩墩也不再貧血，雖然體重還略重，但飲食習慣已經非常健康，相信不久胖寶寶就能擺脫小胖子的外號了。

CH 4

只爭朝夕，美食第一

★寶寶名言

世界太大，胃口太小，為了美食，只爭朝夕。

給我一雙筷子，我可以撬動地球。

沒有吃不到，只有想不到。

黑夜給了我黑色的眼睛，我卻用它尋找美食。

…………

寶寶即將第一次離開家門，進入充滿競爭的幼稚園，寶寶是否有足夠的鬥志取決於爸爸、媽媽的後勤工作是否到位，為了以後步步成功，爸爸、媽媽要努力幫助寶寶贏在起跑點，取得第一步的成功。

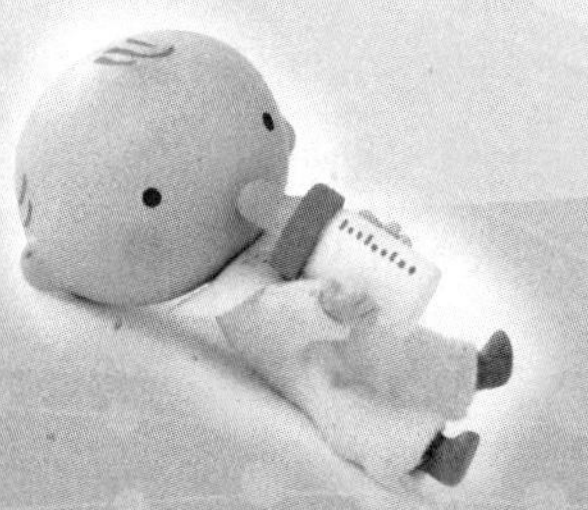

第一節 二～三歲寶寶特徵篇

一、準備進入幼稚園

寶寶即將進入幼稚園，媽媽們總免不了擔心。

雨桐的媽媽：「不知道寶寶能不能吃慣幼稚園的飯菜，如果寶寶吃不慣，老師會不會餵，會不會鼓勵他吃下去。」

嘉禾的媽媽：「我們家嘉禾還不太會用湯匙，不知道幼稚園會不會教。」

皓皓的媽媽：「我家皓皓是個小霸王，我擔心他到了幼稚園會欺負其他的小朋友。」

專家解析：

這樣的擔心實屬正常，重點是如何化解這樣的擔憂，為寶寶作入園準備的同時，也為爸爸媽媽作好入園準備，讓寶寶在幼稚園中仍然能作一個「會吃寶寶」。

第一，作好心理準備。

入園之前最重要的一項準備是「心理準備」，因為只有寶寶對幼稚園的老師和小朋友產生安全感才能順利地在幼稚園中生活，才能盡量減少分離焦慮帶來的不良影響。爸爸、媽媽可以帶寶寶參觀幼稚園，告訴他即將在這裡度過很多時間，而且會很快樂，讓他看看幼稚園中其他小朋友遊戲的場景，引起他對幼稚園的興趣，參加幼稚園的一些活動，讓寶寶對陌生的老師和小朋友建立關係。

Tips：幼兒在兩歲時開始有自我感，形成自我意識，專注於自我，表現出以自我為中心，並且難以很好地適應集體生活，更易出現分離焦慮。到三歲後，幼兒開始主動與他人交往，積極參加集體活動，適應集體活動的能力增強，因此建議待幼兒三歲後再將其送入幼稚園。

第二，作好生理準備

調整寶寶的作息習慣，讓寶寶按照幼稚園的作息時間表安排作息，細心的媽媽可按照幼稚園的食譜製作食物，讓寶寶適應幼稚園的飲食，讓寶寶學會熟練使用餐具，能夠早一步適應幼稚園的生活表示寶寶能夠有更多

的時間用於學習，贏在起跑點，就能讓以後的步步領先成為可能。

幼稚園春季一週食譜

日期	早餐	加餐	午餐	午點	晚餐	宵夜
週一	薯餅 番茄雞蛋 珍珠湯 雞肝	牛奶 肉鬆餅 哈密瓜	米飯 京醬肉末 素炒菜心 海帶骨頭湯	板藍根水 蘋果	三鮮小籠包 蓮子粥 糖醋黃瓜條	牛奶 棗泥餅 哈密瓜
週二	豆沙包 皮蛋瘦肉粥 涼拌芹菜	牛奶 狀元餅 蘋果	米飯 紅燒雞塊 肉末胡籮蔔 鮮魚湯	板藍根水 香蕉	中式熱狗 冬瓜汆丸子 番茄豆腐	牛奶 百合酥 香蕉
週三	雞排三明治 炸薯條 牛奶 蔬菜沙拉	優酪乳 芝麻酥餅 荔枝	米飯 牛肉丸子 燒茄子 蘿蔔絲湯	板藍根水 西瓜	金銀卷 小餛飩 木須肉	牛奶 草莓蛋糕 西瓜

週四	水果蛋糕 滷鴨肝 黃豆胡蘿蔔丁	牛奶 桂花細餅 水梨	米飯 紅燒黃花魚肉 胡蘆三黃雞湯	銀耳蓮子羹 火龍果	鴛鴦卷 獅子頭 雞蛋燒絲瓜 八寶粥	牛奶 核桃仁糕 火龍果
週五	果醬包 紅豆粥 銀魚雞蛋	優酪乳 鳳梨酥 木瓜	米飯 油燜大蝦 香菇油菜 玉米羹	酸梅湯 香梨	菜汁發糕 雞絲龍鬚麵 清炒荷蘭豆	

媽媽可以讓寶寶從上述食譜中選擇自己喜歡的菜色，在家中自己製作，藉此加強家庭和幼稚園之間的聯繫，讓寶寶對幼稚園更有安全感。週末可繼續讓寶寶喝上面菜譜中提到的板藍根水，以保持這些保健食品繼續發揮效用，同時強化寶寶形成規律的飲食習慣。

三歲前的這個階段，爸爸、媽媽應將重點放在幫助寶寶適應幼稚園生活上，如果因為特殊狀況，不得不將寶寶提前送入幼稚園，爸爸、媽媽還須面對如何將幼稚園的飲食習慣與家庭飲食習慣銜接的問題。

第二節　二～三歲寶寶食物篇

一、挑食——健康頭號敵人

挑食，是很多爸爸、媽媽都非常頭痛的問題，幾乎每個作過父母的人都曾經經歷。因此，如果在一個須要交際應酬的場合，你已經說過天氣，一時想不出下一個話題，尷尬的氣氛開始蔓延，你不妨試試說「我孩子挑食」，按照官方與非官方的統計，你得到對方的回應機率高達80％以上。

*爸爸、媽媽們的抱怨

圖圖的爸爸：「圖圖很不喜歡吃豆製品，哪怕放一點點剁碎的豆腐，小到看不到，他都能聞出來，鼻子像小狗一樣靈敏，然後就開始吵鬧不肯吃飯。」

凝凝的媽媽：「凝凝有一段時間突然不喜歡吃青椒，我們威脅、利誘，用盡各種辦法，講道理，動員全家人以身作則，讓她參與作飯等等，都沒有用，結果是她無意之間說出了不吃青椒的理由，『蠟筆小新不吃』，原來如此，我們趕緊說『所以蠟筆小新長不高啊！妳看他的腦袋那麼大，身子那麼小，妳想像他一樣嘛？』凝凝想了一下，又開始吃青椒了。」

西西的爸爸：「西西一向很乖，但自從去了幼稚園，就開始不喜歡家裡的飯菜，挑三挑四，我和她媽媽都不知道怎麼回事，問過幼稚園的老師，說她在幼稚園很乖，每次都能很快吃完，真不知道怎麼回事。」

挑食的形式很多，挑時間、挑地點、挑餵食對象、挑食物，但萬變不離其宗，解決起來並不複雜，只要遵循下面兩個步驟即可：

Step1：尋找原因

如果像上面提到的凝凝那樣，因為受到動畫片的影響，出現暫時性的挑食，專家建議爸爸、媽媽仔細詢問、觀察寶寶的行為，待找出原因後對症下藥，循循善誘，即可解決挑食問題。

其他的暫時性挑食還有挑時間、挑地點、挑餵食對象、挑作法等，比如在別人家時，寶寶吃的比較少，或者在非正餐時間，寶寶不願意吃飯，或者新的保母餵食時，寶寶一時無法適應，不願意配合，再或者寶寶只是不喜歡某些食物的作法，而不是不喜歡那樣食材。這些暫時性的挑食不是常態，爸爸、媽媽無須擔心，針對問題解決即可，或者根本不用解決，等寶寶接觸次數增加，適應新環境後便可自行改變。

針對上面西西的情況，專家認為其原因可能有兩個方面：一方面，幼稚園中的食物種類比較多，大多熟爛、鬆軟、易嚼、好消化、不油膩，適合寶寶的胃口，而家中的食物通常以成人的為主，沒有考慮到寶寶的特殊性，寶寶進食增加很多困難。另一方面，幼稚園中的用餐環境較好，寶寶能夠比較專注地吃飯，不像在家裡可以看電視，而且小朋友之間相互競爭，讓吃飯的過程更加有趣，很多幼稚園還會在吃飯時播放柔和的音樂，為寶寶創造一個愉悅的氛圍。沒有媽媽反覆的提醒，沒有電視的干擾，寶寶自然吃的又香又快。

如果是長期性的挑食，特別是拒絕吃某一類食物時，爸爸、媽媽就應提高警覺了，這可能與長期不良的飲食習慣有關。

二至三歲寶寶合理膳食應當是這樣的：

1.糧食類：150～200克／每人每天。

合理健康的膳食應以米、麵為主，細糧與粗雜糧適當搭配，糧食與豆類適當搭配。可以為寶寶的食譜增加全麥麵包、麥片、玉米、高粱、豆米麵、豆米粉、乾豆類和薯類，糧食和豆類的比例約為10：1，這樣既能提高蛋白質的利用率，也能增加膳食纖維的供應。

2.蔬菜類：100～150克／每人每天。

其中一半為綠色或深綠色、紅色的深色蔬菜，不愛吃蔬菜的幼兒，要注意擴大其食用蔬菜的花色品種。

3. 水果類：75～100克／每人每天。

吃水果可從早上開始，注意要適量，不可用水果代替蔬菜，因為蔬菜中的許多營養素含量高於水果。

4. 動物性食品類：禽畜、魚類85～105克／每人每天＋蛋類50克／每人每天。

建議將禽肉、畜肉、河鮮、海鮮輪流換著吃，按照通俗的說法，「一條腿」的魚類營養價值最高，兩條腿的家禽如雞、鴨、鵝次之，四條腿的如豬肉再次之，所以可適當增加水產品及禽類的供應，而減少豬、牛、羊肉量。此外，每天還要供應50克／每人的蛋類，哪種蛋都可以，不必刻意選擇鴿蛋、鵪鶉蛋或鴨蛋。

5. 奶及乳製品、豆奶及大豆製品類：鮮奶200～400克／每人每天（或奶粉28～56克／每

人每天）＋豆製品25克／每人每天。

有些寶寶無法消化鮮奶，可用優酪乳或其他乳製品代替，或者喝豆奶。應區別乳製品和奶飲料，後者只是飲料，蛋白質含量很低，不能用來代替乳製品。豆製品平均25克／每人每天，可與蔬菜或葷菜搭配食用。

6.油脂和糖類：油脂10～15克／每人每天＋糖10克／每人每天。

食鹽建議一般每天2克即可，宜淡不宜鹹。

如果你發現自己的寶寶像上面提到的圖圖的情況一樣，屬於長期性的挑食，並且針對豆製品或其他某一類食品，建議爸爸、媽媽盡早採取干預措施，以免影響寶寶的健康成長和發育。

Step2：實施干預措施

發現問題和問題的原因後，爸爸、媽媽就應著手採取干預措施，這裡主要針對比較複雜的情況，如上述圖圖和西西的情況，介紹幾個簡便易行的小方法：

變化法

寶寶不喜歡吃某樣食物可能是因為不喜歡食物的作法，所以建議媽媽多花些心思，變個花樣，換種作法，說不定能收到意想不到的效果。

分享空間

寶寶：彤彤（二歲三個月）

描述人：寶寶媽媽

彤彤不喜歡吃青菜，有葉子的她都不喜歡，她總說：「菜菜葉子大，吞不下。」於是我將青菜剁碎包在餃子裡，這樣彤彤再也沒說過「葉子大」之類的話。但畢竟包餃子比較麻煩，我有的時候會將各種青菜和彤彤特別喜歡的豆腐一起作，讓她在豆腐的吸引下吃掉青菜，這個辦法也很有效哦。

榜樣法

「榜樣的力量是無窮的」，特別是對兩歲多的孩子來說，他們喜歡模仿大人的行為，爸爸、媽媽可以利用這一點，用自己的行動感染挑食的寶寶，讓他學著自己的樣子作個不挑食的乖寶寶。

Tips：榜樣不可一再標榜自己，否則會變成另一種形式的說教，應當讓寶寶用自己的眼睛發現，爸爸、媽媽只要隨時隨地保持榜樣的行為就可以了。

飢餓法

當寶寶不餓的時候，不必強迫寶寶進食，等他餓了自然會吃。此外應控制零食量和吃零食的時間，以免影響正餐的食慾。為了促進新陳代謝，爸爸、媽媽可以經常帶寶寶參加體能運動，運動量大，餓的自然比較快。

親手參與法

準備飯菜時，媽媽們不妨讓寶寶作你的小助手，讓寶寶體會如何買菜、洗菜、選菜，自己選擇喜歡的菜，按照自己喜歡的方式搭配，自己動手將飯菜擺放上桌，自力更生，親自動手作的飯菜，寶寶吃起來肯定格外可口。

餐前遊戲法

讓寶寶想像自己是小白兔，喜歡吃胡蘿蔔，沉浸在劇情中的寶寶肯定會認真地吃掉本來不喜歡的胡蘿蔔，或者讓寶寶想像自己是大黑熊，喜歡吃魚。遊戲不僅為餐桌增添很多樂趣，而且達到讓寶寶進食的作用。

積極的語言鼓勵法

餐桌上，媽媽經常用積極的語言鼓勵寶寶吃飯，讓寶寶獲得積極的信號，進而保持心情愉悅，食慾大增。切忌責罵或不停說教，以免給寶寶帶來壓力，影響寶寶的用餐情緒。

小測試：媽媽哪些話說錯了？

1.「寶寶真乖，快快吃。」（前半句正確，後半句有指導性，不可過多使用。）

2.「寶寶你喜歡吃哪道菜啊？媽媽最喜歡這個番茄炒雞蛋。」（正確，能引起寶寶對食物的興趣。）

3.「老公，你嚐嚐雞蛋，很好吃的。」「嗯，不錯，雞蛋最有營養了，我最喜歡。」（正確，充分發揮榜樣的作用，但沒有刻意要求寶寶模仿，將主動權交給寶寶。）

寶寶的挑食問題不難解決，重點是爸爸媽媽想不想解決。

第三節 二～三歲寶寶飲食保健篇

一、二～三歲寶寶的四季保健美食

寶寶不斷長大，消化系統日臻完善，可是吸收和消化的食品不斷增加，於是新的食品粉墨登場，期待獲得寶寶的青睞。香酥可口的炸雞全身鋪滿香粉，希望憑藉美麗的外表戰勝滋補溫潤的老鴨湯，夾心巧克力餅乾跳進牛奶中希望用活力戰勝雞蛋馬鈴薯餅……面對如此多的誘惑，寶寶是否能夠抵擋住？

爸爸、媽媽應當在這其中扮演何種角色？

專家建議，為了讓寶寶更有效地抵擋零食的誘惑，爸爸、媽媽可以充分利用每個季節的時令食材，為寶寶製作美味大餐，讓寶寶沒有空位留給這些零食。製作過程可讓寶寶參與，親自參與法在此處也適用。

春季——乍暖還寒，寶寶易熱易寒，食品應以甘平為主。

【DIY保健美食】

胡蘿蔔山藥粥

食材：胡蘿蔔250克、山藥250克、白米50克。

製作方法：白米加水大火煮沸，半熟時加入切好的胡蘿蔔丁、山藥，煮沸後改小火繼續煮，煮成稠粥即可。

功效：山藥可健脾助消化，胡蘿蔔可提高呼吸道黏膜的抵抗力。

太子參麥冬杞子粥

食材：太子參12克、枸杞12克、麥冬12克、白米50克。

製作方法：太子參、麥冬加水煮三十分鐘，去渣取汁加枸杞子及白米繼續煮製成粥，早晚各吃一次。

功效：太子參補氣，可提高免疫力，麥冬滋陰補腎，杞子補肝腎，適合生長發育較慢，易患呼吸道感染的寶寶。

薺菜粥

食材：白米100克、薺菜100克。

製作方法：白米倒入鍋中，加水煮沸，加上新鮮的薺菜，同煮成粥，早、晚適量食用。

功效：薺菜富含蛋白質和十多種胺基酸，同時含有葡萄糖、蔗糖和乳糖等，味道清新甘美，適合寶寶的口味。

豬肝粥

食材：豬肝50克、白米250克。

製作方法：豬肝和白米加水同煮成粥，適量食用。

功效：豬肝富含蛋白質、卵磷脂和微量元素，可促進寶寶的大腦和身體發育。

芹菜粥

食材：芹菜150克、白米100克。

製作方法：將芹菜連根洗淨，加水熬煮，煮好後去渣取汁與白米同煮成粥，早、晚適量食用。

功效：可預防和治療春季小兒痲疹，同時營養豐富，有益身體健康。

夏季——氣候濕熱，寶寶容易食慾降低、心情煩躁，食物應具有消暑開胃的功效。

【DIY保健美食】

麥芽粥

食材：麥芽50克、白米50克。

製作方法：麥芽與白米同煮成粥，適量食用。

功效：健脾開胃消食，可治療幼兒厭食症。

蘆根粥

食材：鮮蘆根50克、白米50克。

製作方法：鮮蘆根切段去節，水煎二十分鐘，去渣取汁與白米同煮成粥，適量食用。

功效：清熱養胃，生津止渴，治療幼兒夏季發熱。

冰糖百合

食材：百合30克、冰糖適量。

製作方法：冰糖與百合同煮，適量食用。

功效：寧心安神，主治小兒夜眠不安，易驚醒。

紫蘇粥

食材：新鮮紫蘇葉5克、白米30克。

製作方法：將白米煮成粥，快熟時加入紫蘇葉，稍煮即可食用。

功效：發汗解表，溫中和胃，可治療風寒、噁心、嘔吐、腹脹、胃痛等症。

苦瓜綠豆豬肉湯

食材：苦瓜200克、綠豆250克、瘦豬肉250克。

製作方法：苦瓜去瓤、瘦豬肉洗淨切片備用；將綠豆煮沸三十分鐘後加入苦瓜、瘦豬肉，再以文火煮至綠豆爛，可加入少許食鹽。

功效：清熱解毒，散癤消腫。

秋季——天乾物燥，寶寶須要補充水分，食物應以清淡溫潤為主。

【DIY保健美食】

泥鰍豆腐塊

食材：泥鰍500克、豆腐1,000克、雞蛋四個、太白粉、鹽、薑末、蒜片、蔥段適量。

製作方法：

Step1：將泥鰍在清水中餵養約七天，洗淨後用乾布擦去泥鰍身上的黏液。

Step2：取雞蛋黃，加鹽攪拌後均勻塗抹在泥鰍全身。

Step3：鍋內加冷水燒開，待水變熱後（冒熱

氣但未滾開），將豆腐和泥鰍放入鍋中，泥鰍會本能地鑽入豆腐中，若豆腐塊大小合適，泥鰍的尾巴會露在外面。待水再次煮開後，將泥鰍豆腐塊撈出。（如果覺得此法太殘忍，可以買宰殺好的泥鰍，剪去頭、尾，剖腹去腸，用沸水沖洗去除黏液，抹上蛋黃後塞入豆腐塊中，再放入熱水鍋內。）

Step4：蛋清加太白粉、鹽攪拌，製成蛋白醬。

Step5：炒鍋置於中火上，油燒至六分熱，將泥鰍豆腐塊塗上蛋白醬，入油鍋炸至金黃色，倒出鍋中的熱油，加入少量水煮，放入薑末、蒜片、蔥段和炸好的泥鰍豆腐，大火煮開即可。

功效：補中益氣，泥鰍富含鈣、維生素B群、鐵和鋅，豆腐也富含鈣質，有益於寶寶的身體發育。

五彩鮮絲

食材：雞蛋兩個、青椒50克、香乾50克、乾香菇5克、胡蘿蔔50克，油、鹽、太白粉、麻油適量。

製作方法：

Step1：將蛋清、蛋黃分別打入兩個盛器內，打散後分別加入少許太白粉打勻，然後分別放入塗油的盤中，入鍋隔水蒸熟（用中小火），冷卻後取出，切成蛋白絲和蛋黃絲。

Step2：香菇用溫水浸泡後洗淨切絲，青椒、胡蘿蔔洗淨切絲，香乾切絲。

Step3：炒鍋中加油，放入切好的菜絲，煸炒至熟，然後放入蛋白絲和蛋黃絲，加調味料翻炒均勻，最後淋上麻油即可。

功效：對治療脾胃虛寒有輔助功效，且色彩鮮豔，容易吸引寶寶的注意。

龍眼蓮子粥

食材：龍眼肉（桂圓）10克、蓮子10克、紅棗五至十個、糯米30克、白糖適量。

製作方法：

Step1：將龍眼肉、蓮子、紅棗分別洗淨，蓮子去心，紅棗去核。

Step2：將洗淨的上述食材和洗淨的糯米一起放入鍋中，加清水旺火燒開後改用小火熬煮製成粥，加白糖調味即可。

功效：龍眼、蓮子、紅棗的搭配，既可開胃健脾，又能補益氣血。

冬季——寒冷多風，寶寶體能消耗大，食物應以滋補為主。

冬季為寶寶提供的膳食應以滋補為主，同時重視膳食均衡，即時補充維生素和礦物質。

【DIY保健美食】

魚肉餃子

食材：魚肉、豬肉餡、綠葉蔬菜、麵粉、香油、醬油、食鹽、雞湯。

製作方法：

Step1：魚肉洗淨去刺剁碎，與豬肉餡混合，加入雞湯順著一個方向攪成糊狀，再加入少許食鹽、醬油（無鹽醬油）調勻。

Step2：將綠葉蔬菜洗淨剁碎，放入肉餡中，加香油攪拌均勻。

Step3：將麵粉加溫水和勻，揉成軟硬適中的麵糰，桿成麵皮片加餡包成小餃子，餃子大小以寶寶的口型為準。

Step4：鍋中加水，大火煮開，下餃子，煮熟即可食用。

功效：營養全面豐富，且少油少鹽，易於消化，是冬季的美食。

冰糖棗泥

食材：紅棗、米粉、冰糖。

製作方法：

Step1：紅棗洗淨，放入鍋中加水蒸煮十五至二十分鐘至爛熟，取出放涼。

Step2：將蒸好的紅棗去核，放入攪拌機打成泥狀，鍋中加水放入棗泥、冰糖，邊攪邊煮五分鐘，起鍋後加入適量米粉，攪勻可食。

功效：味道香甜，補氣養血。

豬肉白菜捲

食材：豬肉餡、白菜、蔥、薑、醬油、香油、太白粉、高湯、食鹽。

製作方法：

Step1：將白菜葉用沸水燙軟。

Step2：在豬肉餡中加入少許食鹽、醬油、香油、蔥、薑末，攪拌均勻。

Step3：將調好的豬肉餡平攤在白菜葉上，捲成筒狀，切成小段，上鍋蒸二十分鐘。

Step4：將高湯放入鍋中煮沸，加入適量太白粉水作成芡汁，淋在蒸好的白菜捲

上，即可食用。

功效：營養豐富，且易消化，是冬季的進補佳品。伴著四季美食，寶寶成長為一名特級廚師。

二、捍衛餐桌安全大行動

＊寶寶大戰餐桌毒素

在一片煙霧中，幾乎筋疲力盡的奶瓶寶寶和圍兜寶寶取得聯繫。

奶瓶寶寶（代號007）：「008，我們的餐桌受到嚴重的化學武器攻擊，請求支援。」

圍兜寶寶（代號008）：「007，我方亦受到

嚴重攻擊，無法提供支援，上面指示我們自己想辦法。」

奶瓶寶寶：「為了我們的餐桌，拼了！」

圍兜寶寶：「拼了！」

專家解析：

隨著大量食品安全問題的曝光，餐桌安全成為爸爸、媽媽關注的焦點。雖然國家在努力建立各種法律體系，維護食品安全。事實是，在現階段完全排除不健康食品是不可能的，所以爸爸、媽媽只能盡自己所能盡量減少毒素對寶寶的傷害，其中最重要的任務就是清洗蔬菜、水果上的農藥。

首先，爸爸、媽媽應當清楚哪些蔬菜和水果比較容易被農藥污染，以便在清洗時區別對待。一般而言，容易生蟲、生蟲後比較難殺蟲的蔬果被污染的程度較高。其中污染嚴重的蔬菜是葉菜和細菜，如小白菜、青菜、捲心菜、韭菜、菠菜、油菜等。比如韭菜非常容易生韭蛆，這種蟲子往往生在韭菜的根部，而且很難殺死，為了殺死牠，菜農不得不使用高毒性的農藥反覆噴灑，導致農藥殘留增加，而這些地方是家庭洗菜時非常容易忽略的地方，更加應該引起爸爸、媽媽的注意。而根莖類、瓜菜和果菜，如馬鈴薯、南瓜、黃瓜、苦瓜、番茄，以及洋蔥等則污染較輕。

同樣的道理，污染較重的水果是蘋果、梨、李子、葡萄、草莓、西瓜、橘子、香蕉等；污染不嚴重的水果是帶殼水果，如荔枝、龍眼等。

根據污染程度的不同，爸爸媽媽可選擇不同的清洗方式，或增加清洗次數，以便達到徹底清洗的目的。

1. 清洗蔬菜上的農藥主要有以下幾種方法

甲、清水沖洗法：

操作方法：以不斷流動的清水洗滌蔬菜，藉助水的衝擊力和稀釋能力，將殘留在蔬果表面上部分農藥去除。此外多與其他方法搭配使用，單獨使用不能完全清除農藥。

適合蔬菜：包葉菜類蔬菜，如高麗菜、大白菜等，可將周邊的葉片丟棄，內部菜葉則逐片用流水沖洗；小葉菜類，如菠菜、小白菜等，蔬菜的葉柄基部和青椒、水果向上凹陷處容易殘留農藥，建議將此部分切除或直立用流動水沖洗。

乙、淡鹽水浸泡法：

操作方法：先用清水至少沖洗一下，然後放入淡鹽水（100毫升水中放入5克鹽）中浸泡十分鐘左右，取出後再反覆用清水沖洗。

適合蔬菜：容易受農藥污染的蔬菜，如白菜、豆角、芹菜、菠菜、黃瓜等。

丙、開水湯洗法：

操作方法：先用開水燙一下，使胺基甲酸酯類殺蟲劑隨溫度升高加快分解，清除蔬菜上的大部分殘留農藥，撈出後再用清水沖洗一兩遍，基本可清除全部農藥。

適合蔬菜：花類蔬菜，如青椒、花椰菜、青花菜等，這些蔬菜用其他方法難以去除農藥。

丁、鹼洗法：

操作方法：在100毫升水中加入5克左右的食用鹼（或小蘇打），攪勻後將蔬菜放入其中，浸泡五分鐘，利用食用鹼能夠中和農藥的特徵，去除大部分的農藥。取出後再用清水沖洗，基本可將農藥全部清除。

適合蔬菜：茄果類蔬菜，如茄子、番茄、黃瓜、柿子椒、苦瓜等。

Tips：鹼洗法容易造成蔬菜的營養素流失，尤其是維生素C。

戊、日照法

操作方法：將蔬菜放在陽光下照射五分鐘，使有機汞農藥揮發掉，然後再用其他方法去掉其他農藥。

適合蔬菜：所有蔬菜。

Tips：注意不要照射過長時間，以免流失蔬菜中的營養素。

己、儲存法：

操作方法：將蔬菜放在室溫下存儲兩天，利用空氣流動，分解和揮發農藥。

適合蔬菜：冬瓜等不易腐爛的品種。

庚、淘米水洗法：

操作方法：將蔬菜放入淘米水中浸泡十分鐘左右，然後用清水洗乾淨。淘米水屬於酸性，有機磷農藥遇酸性物質就會失去毒性，因此用淘米水浸泡有去除農藥的作用。

適合蔬菜：葉子類蔬菜，如小白菜、生菜等。

辛、去皮法：

操作方法：直接削去外皮。

適合蔬菜：冬瓜、蘿蔔、番薯、馬鈴薯、芋頭、黃瓜等外皮不能食用且污染嚴重的蔬菜。

Tips：必須先清洗再去皮，以避免削皮刀上沾染的農藥污染蔬果。

2.清洗水果上的農藥可按照水果的類型採用不同的清洗方法

甲、去皮類的水果

操作方法：先用軟毛刷在流水下方輕輕刷洗，然後去皮食用。

適合水果：荔枝、哈密瓜、柑橘、香蕉等。

乙、不須去皮的水果

操作方法：將水果放入淡鹽水（100毫升水中放入5克鹽）中浸泡十分鐘左右，取出後反覆用清水沖洗。

適合水果：楊梅、桃子、草莓等。

丙、介於兩者之間的水果

操作方法：一邊用流動的清水沖洗，一邊用手輕輕搓洗即可。

適合水果：蘋果、梨等。

資料拓展：有機食品、綠色食品和無公害食品哪種更安全？

有機食品——高級安全

有機食品是遵循國際慣例，在生產中不使用任何農藥、肥料，並且有嚴密可追溯性的食品，因此相對而言最安全。

綠色食品——中級安全

綠色食品是指遵循可持續發展原則，按照特定生產方式，經專門機構認定、許可使用綠色食品標誌商標的無污染、無公害、安全、優質、營養類食品。

無公害食品——初級安全

無公害食品是市場准入級別的食品，只能確保基本的食品安全。

無公害食品的含意是指產地環境、生產過程和產品完全符合無公害食品標準和生產技術規範的要求，經專門機構認定，許可使用無公害食品標誌的未經加工或者初加工的食用農產品。無公害食品在生產過程中允許限量、限品種、限時間地使用人工合成的化學農藥、獸藥、漁藥、飼料添加劑和化學肥料等。

*寶寶大戰餐桌毒素（續）

奶瓶寶寶：「敵人攻勢似乎減弱，我們暫時撤退，休養生息再戰吧！」

圍兜寶寶：「同意，共勉！」

外面的世界總是充滿危機，爸爸、媽媽能作的並不多，但相信未來會更好，相信寶寶能夠堅強。

三、「瘦猴」寶寶增肥記

【編者按：作為本書的最後一節，本想讓墩墩出場，無奈減肥成功的墩墩現在非常低調，只想一人偷偷享受減肥成功的喜悅，我們不便強求，幸而他推薦了另一位增肥成功的小朋友，為我們介紹經驗，希望這位小朋友的經驗能給爸爸、媽媽們一些幫助。】

描述人：守候（諧音「瘦猴」），三歲整。

我三十五週便從媽媽的肚子裡出來了，是個早產兒。記得當初我非常瘦弱，身體各項機能都不太好，媽媽又沒有奶水，可憐的我只能吃奶粉度日。醫生建議爸爸、媽媽給我食用早產兒奶粉，但一開始我並不能適應那種奶粉的味道，每次媽媽將湯匙放在我嘴邊，我都把頭轉開，結果只能靠點滴維持，急得爸爸、媽媽團團轉。我也知道自己這樣很不好，但就是吃不下，後來還是千里迢迢趕來的奶奶撬開了我的小嘴巴。奶奶先用媽媽的乳頭放在我嘴邊，我被這種奇妙的觸感吸引，忍不住張開了嘴巴，然後奶奶便以迅雷不及掩耳之勢將配方奶粉灌進我嘴裡。雖然之前那麼厭惡，但吃了一口後我竟然覺得還不錯，就此一發不可收拾。總之，吃奶這一關算是過了。

Tips：早產兒最好用母乳餵養。

早產兒為了追趕正常寶寶的生長速度，須要更多的蛋白質和熱量，而這時母親身體會自動迎合早產兒的須要製造出高熱量、高蛋白的母乳，其中所含的抗體和營養成分也會高於足月兒母親分泌的母乳，這種差別將一直持續到寶寶出生後六個月，以保持早產兒有充足的時間趕上正常寶寶的身體發育水準。這充分證明人類母乳為了保持下一代的健康成長，會根據這種成長的特殊要求而自動調整。與奶粉相比，早產兒母親分泌的母乳中所含的蛋白質和利用率遠遠高於奶粉，而且能促進早產兒大腦的發育，一項著名的研究發現，母乳餵養的早產兒比奶粉餵養的早產兒在七歲半至八歲之間的平均智商高出十多個百分點。因此，現在建議早產兒用母乳餵養。

為此，早產兒母親須要盡早分泌乳汁，當寶寶還在保溫箱時，便要自己練習擠奶，心裡想著妳的寶寶，看著寶寶的照片，這樣能讓擠奶更加順利。每天妳須要至少擠五次，一共一百分鐘左右。最初擠出的奶數量比較少，是初乳，含有很多對寶寶有益的抗體，因此擠出後不要丟掉，放在潔淨的瓶中保存，等到寶寶回家後餵他。

開始給寶寶餵奶後，媽媽須要非常有耐心，這時的寶寶個頭比較小，對正常寶寶使用的餵奶姿勢並不適合他們。建議媽媽用胳膊托住他的全身，用手掌支撐他的頭部，用另外一隻手托住乳房，輕輕地送給寶寶。前幾次可能並不成功，但一定要堅持下去，寶寶能感受到媽媽的堅持，最後一定能吃到媽媽的乳汁。

雖然吃奶不成問題，但我的身體狀況一直不太好，經常哭鬧，醫生說這是因為早產兒缺乏安全感所致，建議媽媽使用「袋鼠餵養法」。於是媽媽每天像袋鼠媽媽一樣將我放在胸前的養育袋（柔軟的布袋）裡，讓我緊緊貼著媽媽的身體，就好像我還在媽媽的身體裡一樣。這樣一來，我立刻不哭了。

此外，醫生還向媽媽提出了很多建議：

1. 延長每次餵奶時間。早產兒的吸吮力量不足，所以每次餵奶的時間比較長，多須要三十至四十分鐘，媽媽要有耐心。

2.剛回家時，餵奶量不變。剛出院回到家，每餐給寶寶的餵食量先維持與在醫院時的原量一樣不必增加，等適應家裡的環境後再逐漸加量，以免因不適應引起腸胃的不良反應。

3.採用少量多餐和間斷式的餵養方式。所謂間斷式餵養方式，即每吸食一分鐘，將奶瓶抽出口腔，讓寶寶停頓一下，呼吸約十秒鐘，然後再繼續餵食，這樣作可減少吐奶發生及呼吸上的壓迫。

4.保持舒適的溫度。早產兒對溫度的變化很敏感，所以要保持室溫恆定。

5.定期回醫院追蹤檢查及治療，與醫生保持聯繫。早產兒的視聽力、黃疸、心肺、胃腸消化等方面可能會出現問題，須要提早預防。

所有這些，媽媽都一一認真作到。除此之外，因為媽媽很喜歡聽音樂，懷著我的時候就經常放音樂讓自己放鬆，肚子裡的我也頗受影響。後來我出生後，剛回到家哭鬧不停，媽媽就會放舒緩的音樂給我聽，結果也很有效，現在養成習慣每天晚上睡覺前都要聽音樂。別的寶寶可能喜歡睡覺時抱著布娃娃或小玩偶，而我則喜歡抱著音響，為此媽媽專門在音響外面包了一層布，作成一個音箱玩偶。我的媽媽是不是很有創意呢？

出生六個月後，我的體重逐漸趕上普通嬰兒，媽媽開始為我增加副食品，我最喜歡吃媽媽作的米糊，每次都能吃掉一小碗。記得我第一次乖乖吃掉一碗米糊的時候，媽媽竟然開心地哭了，因為媽媽知道，我終於和正常寶寶一樣了。

後來的故事變得很簡單，就像一般的寶寶一樣，我也會挑食，會愛吃零食，會偶爾偷抓一把糖果吃，我也會在吃飯的時候鬧點小彆扭，也會在睡覺前突然哭著、喊著要吃水果，但這些都被媽媽的聰明智慧一一化解，媽媽說過：「只要你和別的寶寶一樣，哪怕是壞習慣，媽媽也高興。」

也許你們覺得我的名字很奇怪，怎麼和瘦猴的發音那麼像，難道是為了凸顯我的瘦嗎？其實並不是，我的爸爸為我取這個名字是希望我能「守候幸福」，一生與幸福為伴。希望所有的寶寶和媽媽都能一生與幸福相伴。

專家解析：

守候的情況屬於先天因素造成，經過後天的努力，可慢慢恢復到正常水準。如果您的

寶寶是在後天成長過程中出現身體瘦弱、發育遲緩等症狀，應首先根據下面的判斷標準初步判斷寶寶屬於哪種情況，必要時應到醫院作詳細檢查。

體重低下、發育遲緩和消瘦是營養不良的三種類型：

1.體重低下是根據年齡體重計算，如果寶寶體重低於標準年齡體重的90%則為體重低下，分為三個等級，在90%∫75%之間為輕度，75%∫60%之間為中度，60%以下為重度。

2.發育遲緩是根據年齡體重計算，如果寶寶的身高低於標準年齡身高的95%為發育遲緩，分為三個等級，在95%∫90%之間為輕度，90%∫85%之間為中度，小於85%為重度。

3.消瘦是依據身高體重計算，如果寶寶的體重低於標準身高體重的90%為消瘦，分為三個等級在90%∫80%之間為輕度，80%∫70%之間為中度，小於70%為重度。

如果您的寶寶確定為營養不良，須要從飲食和運動兩個方面著手：

1.飲食方面：以補充營養為主，保持營養攝取均衡。

營養不良主要是由於蛋白質和熱量攝取不足造成的，因而應給寶寶多吃些蛋白質和熱量高的食物如肉類、豆製品等，烹調方式上追求軟爛，易消化。此外，一般營養不良的寶寶食慾都比較差，因而應同時補充微量元素和維生素，以改善食慾。

2.運動方面：以調整運動能力為主。

營養不良寶寶的運動應包括平衡性、敏捷性、柔軟性和靈巧性的活動和運動，比如散步、遊戲、跑步、爬樓梯、游泳、騎自行車、打乒乓球、體操等，其中體操是一項極好的運動，運動量適中，但能夠鍛鍊身體各個方面，建議多作擴胸、上臂提舉等動作，以促進胸肌發達和胸廓的展開。每次運動堅持半小時以上，不超過一個小時，每運動十分鐘，休息五分鐘，然後再繼續運動，以免因運動量過大對寶寶的身體造成傷害。

零至三歲寶寶體重、身高參考值：

年齡	體重（Kg）		身高（Cm）	
	男	女	男	女
出生	2.9～3.8	2.7～3.6	48.2～52.8	47.7～52.0
1月	3.6～5.0	3.4～4.5	52.1～57.0	51.2～55.8
2月	4.3～6.0	4.0～5.4	55.5～60.7	54.4～59.2
3月	5.0～6.9	4.7～6.2	58.5～63.7	57.1～59.5
4月	5.7～7.6	5.3～6.9	61.0～66.4	59.4～64.5
5月	6.3～8.2	5.8～7.5	63.2～68.6	61.5～66.7
6月	6.9～8.8	6.3～8.1	65.1～70.5	63.3～68.6
8月	7.8～9.8	7.2～9.1	68.3～73.6	66.4～71.8
10月	8.6～10.6	7.9～9.9	71.0～76.3	69.0～74.5
12月	9.1～11.3	8.5～10.6	73.4～78.8	71.5～77.1
15月	9.8～12.0	9.1～11.3	76.6～82.3	74.8～80.7
18月	10.3～12.7	9.7～12.0	79.4～85.4	77.9～84.0
21月	10.8～13.3	10.2～12.6	81.9～88.4	80.6～87.0
2歲	11.2～14.0	10.6～13.2	84.3～91.0	83.3～89.8
2.5歲	12.1～15.3	11.7～14.7	88.9～95.8	87.9～94.7
3歲	13.0～16.4	12.6～16.1	91.1～98.7	90.2～98.1

國家圖書館出版品預行編目資料

新手父母這樣教0~3歲寶寶吃／健康寶寶編輯小組編著.
－－第一版－－臺北市：知青頻道出版；
紅螞蟻圖書發行，2011.2
面　　公分－－（福樂家；1）
ISBN 978-986-6276-59-0（平裝）

1.育兒 2.小兒營養 3.健康飲食

428.3　　100001985

福樂家 01

新手父母這樣教0~3歲寶寶吃

編　　著／健康寶寶編輯小組
美術構成／Chris' office
校　　對／周英嬌、楊安妮、朱慧蒨
發 行 人／賴秀珍
榮譽總監／張錦基
總 編 輯／何南輝
出　　版／知青頻道出版有限公司
發　　行／紅螞蟻圖書有限公司
地　　址／台北市內湖區舊宗路二段121巷28號4F
網　　站／www.e-redant.com
郵撥帳號／1604621-1　紅螞蟻圖書有限公司
電　　話／(02)2795-3656（代表號）
傳　　真／(02)2795-4100
登 記 證／局版北市業字第796號
港澳總經銷／和平圖書有限公司
地　　址／香港柴灣嘉業街12號百樂門大廈17F
電　　話／(852)2804-6687
法律顧問／許晏賓律師
印 刷 廠／鴻運彩色印刷有限公司
出版日期／2011年 2 月　第一版第一刷

定價 280 元　港幣 93 元

ISBN 978-986-6276-59-0　　Printed in Taiwan